はみだし生物学

『はみだし生物学』制作委員会 著

博士と
キノコ助手の
愉快な
研究の日々

化学同人

はじめに

本書を購入しようとしているみなさん、購入してしまったみなさんへ！

　本書を手に取っていただき、ありがとうございます。あなたに手に取っていただくことを待っていました。いま、書店で本書に目が留まったところでしょうか？　あるいは、ネットでみつけて、ついポチってしまい手元に届いたところでしょうか？　いずれにしても本書にかかわってしまったということは、あなたは「生き物」や「生物学」にご興味があるということですよね。おめでとうございます。生き物って本当におもしろいですよね。「奇想天外」という名の植物があるように、生き物にはあっと驚くことが山のように存在します。そしてその生き物を研究する生物学ほどおもしろい学問はほかにない、と私たちは思っています。ぜひ、本書で生物学のおもしろさの一端をご体験ください。

　ただし、本書を読むためには、ある一定の覚悟が必要です（後述）。もしこの覚悟をもつ自信がない場合、また覚悟が整っていない場合、悪いことは申しませんので、本書を読むことはお控えいただいたほうがよいかもしれません…。

本書のコンセプト

　私たち『はみだし生物学』制作委員会の16名は、分野がさまざまに異なる生物学者の集団で、ひょんなことから集まりました。どのような事情で集まったかは、本書の「あとがき」をご覧ください。私たちの合い言葉は「生物って深いよなあ。教科書に書いてないところにホントのおもしろさがあるんだよなあ！」でした。

　そこで本書では、中学校や高等学校の教科書ではふつう紹介されていないことがらを"はみだし生物学"として紹介することにしました。つまり、教科書から"はみだし"た生き物のあっと驚くあんなことやこんなことを紹介した本です。これらのことがらがなぜ教科書からはみだしたかは、それぞれにいろんな理由があると思われます。「あまりにも例外的だから」「あまりにも複雑だから」「まだまだ確証が得られているとはいい切れないから」「教育上、好ましくないから」などなど、理由はいろいろです。しかし、おしなべて理由をまとめると

すると、「これらの事実を知ってしまうと、体系的な生物学という学問の理解に混乱をきたすから」ということではないでしょうか。つまり"はみだし生物学"を知ることには一定の覚悟が必要なのです。さあ、覚悟ができたみなさん、先へ進んで行きましょう！

本書の読み方

本書は文部科学省の高等学校「生物」の指導要綱にしたがって、

- Part 1　生命の進化 … 10トピックス
- Part 2　生命現象と物質 … 8トピックス
- Part 3　遺伝情報の発現と発生 … 8トピックス
- Part 4　生物の環境応答 … 11トピックス
- Part 5　生態と環境 … 5トピックス

の42トピックスで構成されています。これらのトピックスは、最初から順に読み進める必要はまったくありません。各トピックスはそれぞれで完結していますので、パラパラとめくりながら、気になるトピックスからお読みください。各トピックスは、「博士」と「キノコ助手」の会話文で成り立っています。そして、トピックスごとに彼らを描いたなんとも心ひかれるイラストがあります。トピックスの内容を追求したい場合、そのヒントとなることがらを博士がつぶやいてくれていますので、参考にしてくださいね。

中学校・高等学校の教科書の内容

中学生、高校生のみなさんは、学校で勉強中の教科書をご覧ください。中学校では生物学は、文部科学省の中学校学習指導要領により理科第二分野に含まれます。その内容を項目でみると、

中学 理科 第二分野（生物）

（1）いろいろな生物とその共通性
　（ア）生物の観察と分類の仕方　（イ）生物の体の共通性と相違性
（2）生物の体のつくりと働き

（ア）生物と細胞　（イ）植物の体のつくりと働き　（ウ）植物の体のつくりと働き
（3）生命の連続性
　（ア）生物の成長とふえ方　（イ）遺伝子規則性と遺伝子　（ウ）生物の種類の多様性と進化
（4）自然と人間
　（ア）生物と環境　（イ）自然環境の保全と科学技術の利用

となっています。

　大学生や社会人のみなさんで教科書が手元にない場合、これらの項目の詳しい内容は、文部科学省のホームページからみることができます。

文部科学省　https://www.mext.go.jp/index.htm
学習指導要領　https://www.mext.go.jp/a_menu/shotou/new-cs/index.htm
中学校学習指導要領（平成29年告示）https://www.mext.go.jp/content/20230120-mxt_kyoiku02-100002604_02.pdf
【理科編】中学校学習指導要領（平成29年告示）解説　https://www.mext.go.jp/content/20210830-mxt_kyoiku01-100002608_05.pdf

　高等学校では「生物学」は、「生物基礎」と「生物」として学びます。それらの内容を項目でみると、

> 高校　生物基礎

（1）生物の特徴
　（ア）生物の特徴：生物の共通性と多様性 / 生物とエネルギー
　（イ）遺伝子とその働き：遺伝情報とDNA / 遺伝情報とタンパク質の合成
（2）ヒトの体の調節
　（ア）神経系と内分泌系による調整：情報の伝達 / 体内環境の維持のしくみ
　（イ）免疫：免疫の働き
（3）生物の多様性と生態系
　（ア）植生と遷移：植生と遷移
　（イ）生態系とその保全：生態系と生物の多様性 / 生態系のバランスと保全

高校 生物

（1）生物の進化
　（ア）生命の起源と細胞の進化：生命の起源と細胞の進化
　（イ）遺伝子の変化と進化のしくみ：遺伝子の変化 / 遺伝子の組合せの変化 / 進化のしくみ
　（ウ）生物の系統と進化：生物の系統と進化 / 人類の系統と進化
（2）生命現象と物質
　（ア）細胞と分子：生体物質と細胞/生命現象とタンパク質
　（イ）代謝：呼吸/ 光合成
（3）遺伝情報の発現と発生
　（ア）遺伝情報とその発現：遺伝情報とその発現
　（イ）発生と遺伝子発現：遺伝子の発現調節 / 発生と遺伝子発現
　（ウ）遺伝子を扱う技術：遺伝子を扱う技術
（4）生物の環境応答
　（ア）動物の反応と行動：刺激の受容と反応 / 動物の行動
　（イ）植物の環境応答：植物の環境応答
（5）生態と環境
　（ア）個体群と生物群集：個体群 / 生物群集
　（イ）生態系：生態系の物質生産と物質環境 / 生態系と人間生活

となっています。
　これらの項目の詳しい内容は、文部科学省のホームページからみることができます。

　文部科学省　　https://www.mext.go.jp/index.htm
　学習指導要領　　https://www.mext.go.jp/a_menu/shotou/new-cs/index.htm
　高等学校学習指導要領（平成30年告示）　https://www.mext.go.jp/content/20230120-mxt_kyoiku02-100002604_03.pdf
　【理科編 理数編】高等学校学習指導要領（平成30年告示）解説　https://www.mext.go.jp/content/20211102-mxt_kyoiku02-100002620_06.pdf

さあ、"はみだし生物学"の世界に飛び込みましょう！

　みなさん、準備はできましたか？　さあ、"はみだし生物学"の世界に飛び込みましょう！　トピックスをめくるたびに、謎が謎をよび、興味は尽きないと思います。あまり夢中になり過ぎて、睡眠不足にならないようにお気をつけください。あ、「風呂入ったか？　歯、磨けよ！」と聞こえてきましたね（この意味がわからない人は、近くのご年配のお知り合いに尋ねてください。必ず答えてくれるはずです）。

2025年1月

『はみだし生物学』制作委員会事務局　村井耕二

登場人物プロフィール

博士

1960年、大阪府高槻市生まれ。少年期を高度経済成長期の団地で過ごす。近くには広大なキャベツ畑が広がり、そこに乱舞するモンシロチョウ、農業用水のアメリカザリガニ、田んぼのカブトエビなど、里の生き物と親しむ。府立の中学・高校を卒業後、生物学者を志し、1979年に西帝都大学理学部に入学。学部卒業後大学院に進学し、1988年に「昆虫のはみだし発生遺伝学」で博士号を取得する。その後、東帝都大学理学部生物学教室の助手、助教授を経て、2005年から同教授。2015年、さらなる独自の生物学を追求するため、京都市岩倉に「はみだし生物学研究所」を設立し、奇想天外な生物の世界の研究に没頭している。現在、同所長兼理事長。

キノコ助手

1997年、兵庫県芦屋市生まれ。高級住宅街で少女時代を過ごす。アウトドア派の父親に連れられ、神戸港での海釣り、六甲山でのハイキング、牧場や植物園の散策など、さまざまな生き物と親しむ。有名女子中高を卒業後、2016年、なんとなく東帝都大学理学部に入学する。4年生でなんとなく分属した生物学教室で「博士」と出会い、生物学の面白さを実感する。卒論テーマは「菌類のはみだし生態学」。卒業後はなんとなく大阪の商社に就職するが、2020年からはじまったコロナ禍での自宅待機中、生物学への憧れが再燃し、「博士」の設立した「はみだし生物学研究所」へ転職する。現在、同助手を務めながら、「博士」の指導で博士論文を執筆中。

もくじ

はじめに　iii
登場人物プロフィール　viii

🍄 Part 1　生命の進化　1

- 1-1　奇妙な細菌、マイコプラズマ …………………………… 2
- 1-2　生き物は「単細胞か多細胞か」では分けられない ……… 4
- 1-3　教科書の植物細胞の図はうそ！？ ……………………… 6
- 1-4　動物と植物ではこんなに違う、分裂のしくみ ………… 8
- 1-5　紡錘糸は細胞分裂を駆動するミクロのモーター ……… 10
- 1-6　ミトコンドリアや葉緑体も分裂する …………………… 12
- 1-7　葉緑体やミトコンドリアも遺伝する …………………… 14
- 1-8　植物は染色体を増やしたい？ …………………………… 16
- 1-9　種なしスイカにはなぜ種がない？ ……………………… 18
- 1-10　熾烈な精子どうしの受精競争 …………………………… 20

🍄 Part 2　生命現象と物質　23

- 2-1　DNAは右巻きの二重らせん …………………………… 24
- 2-2　染色体を構成するクロマチン30 nm繊維は存在しない！？
　………………………………………………………………… 26
- 2-3　ヒトのゲノムで好き勝手に動き回るウイルス遺伝子 …… 28
- 2-4　ゲノムの大きさに意味はあるの？ ……………………… 30
- 2-5　水平伝播？ "感染する" 遺伝子 ………………………… 32

2-6	「ヒカリコキュウ」って何？	34
2-7	生物のエネルギー源はATPだけじゃない	36
2-8	難病のミトコンドリア病	38

Part 3　遺伝情報の発現と発生　41

3-1	体中の全細胞は同じゲノムをもっている	42
3-2	DNAの複製でもタイプミスがあるんだって	44
3-3	ヒトゲノムにみるmRNAの省エネ設計術	46
3-4	細胞の運命を決める20文字のRNA	48
3-5	生物のワガママ！？　RNAは編集される	50
3-6	遺伝暗号表は絶対ではない	52
3-7	再構成される遺伝子	54
3-8	遺伝子組換えに使われる「銃」	56

Part 4　生物の環境応答　59

4-1	体温を自在に変える動物	60
4-2	血糖値は動物によっていろいろ	62
4-3	カエルは腹から水を飲む	64
4-4	痛すぎると痛くなくなるしくみ	66
4-5	笑いと免疫力	68
4-6	植物にも備わっている免疫のしくみ	70
4-7	赤、青、オレンジのカラフルな昆虫の体液、血リンパ	72
4-8	ホルモンに支配される昆虫	74
4-9	植物ホルモン"オーキシン"の極性移動の不思議	76

| 4-10 | 食べて花粉症を治すスギ花粉症米 … 78 |
| 4-11 | 乾燥に耐えられる最強植物 … 80 |

Part 5　生態と環境　83

5-1	植物の植生を決める生殖システム … 84
5-2	バイオームに異変あり … 86
5-3	海のなかの森 … 88
5-4	毒をもって毒を制する、植物のなわばり争い … 90
5-5	ボディーガードを雇う植物 … 92

あとがき　94
さくいん　95
執筆者一覧　99

Part 1 生命の進化

 イントロダクション

　はるか昔、地球上で生命が誕生し、おっと、地球外宇宙で生命が誕生して地球に飛来したという説もあるがのぉ、とにかく地球上で生物進化が起こり、現在のような多様な生物の世界となったのじゃ。動物であれ植物であれ微生物であれ、共通の特徴をもっておるじゃろ。生命の設計図といわれる遺伝子がDNA（デオキシリボ核酸）であるという点もそうじゃな。おっと、ウイルスではRNA（リボ核酸）を遺伝子としてもっとるやつもいるから油断はできんの。まあ、RNAウイルスは特殊なやつだとして、遺伝子は変化するのじゃよ。だから生物は進化し、これほど多様になったのじゃな。たとえば、動植物などの真核生物では、一般に細胞核内の染色体にある遺伝子は配偶子の受精によって親から子へと伝達されるじゃろ。動物の配偶子は卵と精子、植物の配偶子は卵細胞のある胚のうと花粉（花粉四分子）じゃ。配偶子形成の際の減数分裂で染色体の乗り換えが起こり、遺伝子の組合せが変化する、いわゆる自然に起こる遺伝子組換えもまた、生物の多様性を高める原動力となるのぉ。

　ここでは、教科書に載っていない特殊な"はみだし生物"についてもみていくぞ。ミトコンドリアや葉緑体といった細胞内の細胞小器官（オルガネラ）についての不思議を実感するじゃろなぁ。

🍄🍄🍄🍄🍄 **該当する教科書の項目** 🍄🍄🍄🍄🍄

 中学「第二分野」▶いろいろな生物とその共通点、生命の連続性
高校「生物基礎」▶生物の特徴
高校「生物」▶生物の進化

1-1 奇妙な細菌、マイコプラズマ

キノコ助手 博士〜！ 顕微鏡で細菌を観察しているんですが、細菌も動くんですね！

注）実際のマイコプラズマの滑走運動は、解像度の高い電子顕微鏡で観察される。

博士 おお、そうじゃよ。細菌にはせん毛やべん毛とよばれる毛をもつものがあり、それを動かして、移動するのじゃ。

キノコ助手 あっ、これは何ですか？ せん毛もべん毛もないのに、動物細胞の表面を動いています！

博士 これはマイコプラズマじゃ！ マイコプラズマ肺炎の病原体として知られとってな、ウイルスより少し大きくて細胞壁をもたない、ちょっと変わった細菌なのじゃ。

キノコ助手 マイコプラズマ？ 聞いたことのあるような、ないような…。

博士 マイコプラズマは、動物細胞や植物細胞に寄生はしても、宿主の細胞内には侵入せず、細胞表面にくっついて（接着というんじゃ）存在し、その多くは病原性をもつ厄介者じゃ。

キノコ助手 厄介者はかんべんだなぁ。それにしても博士、せん毛もべん毛もないのに、どうやって動くんですか？

博士 おお、そうじゃな！ マイコプラズマは、ATPのエネルギーを使いながら

ネック部分にあしをもつマイコプラズマ

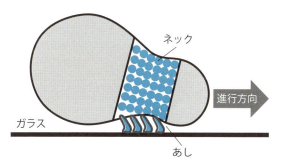

宮田真人、JSTプレスリリース「新しいバクテリア細胞運動の装置を発見」(2007)
〈https://www.jst.go.jp/pr/announce/20071120-2/index.html〉より。

動物細胞表面のシアル酸をつかんだり、引っ張ったり、離したりしながら前に進んでいると考えられているのじゃ。

キノコ助手　へえ〜！　でも、マイコプラズマは一体、何のために動いているんですか？

博士　実はな、なぜ、マイコプラズマが細胞表面を動く（滑走運動する）のか、どのようにして行き先を決めているのか、わかっていないんじゃ。シアル酸は組織によって密度が異なるから、その密度の違いを利用して行き先を決めているのかもしれないのぉ。あるいは、単に分散して、マイコプラズマの密度がある部分だけ高くなることを防いでいるのかもしれないんじゃ。いずれにしても、マイコプラズマはまだまだ未知の細菌じゃ。

キノコ助手　あああぁ、博士〜！　マイコプラズマがガラスに張り付いて滑走運動しています！

博士　ふーむ、ますます不思議じゃの！

博士のつぶやき　シアル酸は、わしらの体のあちこちにある、動物細胞や分泌されるタンパク質を修飾する糖の１種じゃ。シアル酸は、細胞間認識、細胞─基質認識および糖タンパク質の安定性などに働き、とくに神経発生や病原体感染、免疫システムに重要な機能を果たすことがわかっておる。シアル酸が減少すると、筋疾患が誘発されることもあるんじゃよ。

1-2 生き物は「単細胞か多細胞か」では分けられない

キノコ助手 博士～！ 地球の生き物を「単細胞生物」と「多細胞生物」に分けていたんですけど、この子はどっちに入れたらいいんでしょうか？

博士 おぉおぉ、これは珍しい！ タマホコリカビではないか！ タマホコリカビには、単細胞で生活する粘菌アメーバ時代と、たくさんの粘菌アメーバが集合してナメクジのようになる多細胞時代があるからのぉ。迷うのも無理はない。

キノコ助手 教科書には「私たち生物の体は細胞でできており、個体をつくる細胞の数によって単細胞生物と多細胞生物に分けられる」って書いてありますよ。地球の生き物は、このどちらかに分けられるんじゃないんですか？

博士 そうじゃのぉ。タマホコリカビはかなり特殊な生活スタイルをもつために、「単細胞生物と多細胞生物の中間的な存在」と考えられておるんじゃ。

単細胞と多細胞が繰り返すタマホコリカビの生活史

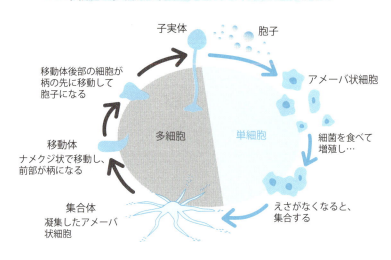

キノコ助手 中間…? でも、どうしてそんな中途半端なんですか?

博士 タマホコリカビの場合、細胞が集合したあと、ナメクジのような移動体に姿を変え、光と熱を求めて移動できるようになるのじゃ。よい環境をみつけると、子実体という姿にさらに変形する。そして子実体をかたちづくるとき、アメーバ細胞は「柄(え)」と「胞子(ほうし)」の2種類の細胞に分化していくんじゃ。

キノコ助手 細胞の分化!? 細胞の分化は多細胞生物で起こることですよね?

博士 そのとおり! 細胞の分化が起こる、つまり細胞が分業するってことが、多細胞生物の特徴じゃな。タマホコリカビの柄の細胞は胞子のうをもち上げて1 mmほどの高さに伸びる。ただし、柄の細胞はこのとき死んでしまうのじゃ。このあと胞子は放出されて、それぞれの胞子からアメーバ状細胞が生まれるのじゃ。

キノコ助手 なるほど! 単に集まっていっしょに動いているだけではなく、個体全体がうまく働けるように役割分担をするから多細胞生物でもあるってことですね。それにしても、役割分担はどのように決まるんでしょう? 柄の細胞がなんだか可哀想に思えてきます…。

博士 細胞の分化の秘密は、それぞれの細胞で働いている遺伝子の違いにあるはずじゃ! その違いがどこからくるのか、興味はつきないのぉ!

博士のつぶやき ボルボックスとよばれる群体を形成する緑藻を知っているかな? 群体とは、最も単純な多細胞体制じゃ。ボルボックスは単細胞緑藻のクラミドモナスときわめて近い関係(近縁)で、クラミドモナスに似たべん毛をもつ細胞が結合して球体を構成しているのじゃ。多細胞体の進化を考えるうえで、実に興味深い生物じゃな。

1-3
教科書の植物細胞の図はうそ！？

キノコ助手 博士〜！　顕微鏡で植物の細胞を観察しているんですが、教科書の図と全然違うんです…。細胞のほとんどが、何もない空間で占められています。

博士 それは液胞じゃな。植物の液胞は、不要物を分解する動物のリソソームと同じ働きをしているんじゃよ。おそらく、動物のリソソームと植物の液胞は共通の祖先細胞小器官から派生したのかもしれんな。

キノコ助手 どうしてこんなに大きいんでしょう？

シロイヌナズナの種子細胞中の貯蔵型液胞

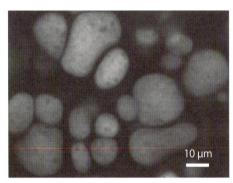

白く光っている部分に貯蔵タンパク質が蓄積されている。

博士 成長した植物細胞では、液胞は細胞の体積の90％以上を占めることもあるのじゃ。植物は液胞を肥大させて細胞の体積を増し、自らを大きくしている。さらに、細胞を成長させる際には、液胞の作用によってつくりだされる膨圧がその原動力として使われると考えられておる。動物のリソソームにはこのような働きはないのじゃがな。

キノコ助手 植物の液胞はほかにも働きがありそうですね！

博士 よい点に気がついたの！ 植物の液胞には驚くべき役割があるのじゃ。それは、有用な物質を貯蔵する、という働きじゃ。たとえば、ダイズの主要タンパク質であるグリシニンは、液胞に貯蔵されておる。また、コメの主要な貯蔵タンパク質の1つであるグルテリンも、液胞に貯められておる。これらの貯蔵タンパク質は、種子が発芽するときエネルギー源として使用されるんじゃ。さらに、果実の甘さのもとである糖や酸味のもとである有機酸、美しい色を与える色素の多くも、液胞に貯蔵されておる。もちろん、みずみずしい水分も液胞に蓄えられた水に由来しておる。おいしいブドウジュースや、それを発酵させてつくられる香高いワインは、すべて液胞のたまものじゃ！

キノコ助手 それにしても、教科書の植物細胞の図は間違ってますよね？

博士 そんなにカタイいことをいうな。教科書では、葉緑体やミトコンドリアといったほかの細胞小器官も描かんとならんからなぁ。まあ、おおめにみてやりなさい。ハッハッハ〜！

博士のつぶやき 液胞の機能は、不要物の分解と有用物質の貯蔵という2つの相反するものなのじゃが、液胞の多くは、分解と貯蔵のどちらか一方の機能を割り当てられておる。葉や根の液胞は、おもに不要物の分解を担う分解型液胞であり、種子にみられる液胞はタンパク質を蓄積するための貯蔵型液胞なのじゃ。おもしろいことに、この貯蔵型液胞は、発芽後は貯蔵していたタンパク質を分解する分解型液胞へと変化することが知られておる。植物は液胞の機能を変化させることができるのじゃ！

1-4 動物と植物ではこんなに違う、分裂のしくみ

キノコ助手 博士〜！ 動物細胞と植物細胞で体細胞分裂の観察をしているんですが、動物と植物とでは違いがありますね。

博士 よいところに気づいたの！ どのようなところが異なっておるかの？ 観察した結果を話しておくれ。

キノコ助手 動物の細胞分裂では、M期の終期になると細胞質分裂がはじまります。おもにアクチンフィラメントとミオシンからなる収縮環ができて、2つに分裂した核の間で、外側から内側に垂直方向にくびれて分裂溝を形成するんです。その後、M期の終期には分裂溝が完全に消えて、細胞膜がくびれるように切り取られて2つの娘細胞に分離します。

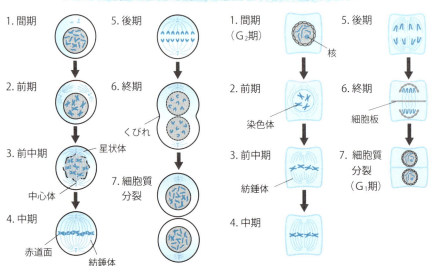

動物の細胞分裂（左）と植物の細胞分裂（右）

博士 つまり、動物細胞では収縮環によって外側から内側にくびれて分裂するのじゃな。

キノコ助手 はい。それに比べて植物細胞では、細胞内に新しい細胞壁ができて、それが外側方向に伸びることにより2つの娘細胞に分離するんです。つまり、細胞板がちょうど「隔壁」のように2つの娘細胞を分けるので、分裂方向が動物とは反対で、内側から外側に起こるんです。

博士 よく観察しておるの。ほかには違いはないかな？

キノコ助手 動物と植物とでは、中心体の有無にも違いがあります。M期に染色体が赤道面に並んだあとに、紡錘体が染色体に結合して両極に引っ張られますよね。紡錘体は微小管からつくられますが、その微小管をつくる装置として動物では中心体があります。でも、植物には中心体がないんです。おっと、植物でもコケとシダには中心体がありますね！

博士 共通性もあるじゃろ？

キノコ助手 もちろん、複製された染色分体が2つの娘染色体に均等に分配されるということは共通ですし、ほかにも、不等分裂があります。不等分裂は分裂によって異なる細胞をつくりだすため、動物と植物どちらの場合でも、多細胞生物が多様な細胞をつくることを可能にした基本原理として働いていると思うんです。

博士 今日はずいぶんと賢いキノコ助手さんじゃなあ。

キノコ助手 おほめにあずかり恐縮です！

博士のつぶやき 細胞質にある微小管は分裂期になると消失し、微小管の束が多数集まって構成されるスピンドル微小管（紡錘体微小管ともいう）を形成するのじゃ。オーグミンとよばれる微小管結合タンパク質複合体が、スピンドル微小管の形成に関与しておるのじゃよ。

1-5 紡錘糸は細胞分裂を駆動するミクロのモーター

キノコ助手 博士〜！ 細胞分裂で染色体を分配するために、染色体のくびれの動原体のところに糸がくっつきますよね。

博士 紡錘糸のことじゃの。

キノコ助手 あの糸がたぐり寄せられて染色体が両極に移動しますよね。何がたぐり寄せてるんでしょう？

博士 ハッハッハ！ 確かに何かがたぐり寄せているようにみえるのぉ。

キノコ助手 違うんですか！？

博士 紡錘体は、チューブリンというタンパク質が重合してできた微小管という構造体なのじゃよ。チューブリンは重合と解離を絶えず行っているから、微小管は細胞内で伸長と退縮を繰り返すのじゃ。

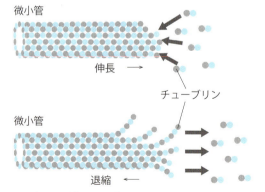

微小管の伸張と退縮

チューブリンの付加により伸長し、チューブリンの脱離によって退縮する。

キノコ助手 ただの糸じゃなかったんですね。解離することにより、微小管が短くなって結合した染色体を引っ張るんですね。

博士 いや、実際のしくみはもう少し複雑じゃ。最近の観察では、キネトコアは微小管の側面に結合し、モータータンパク質によって微小管の側面を滑るようにして移動することがわかってきたのじゃ。

キノコ助手 モータータンパク質ですって、なんじゃらほい？

博士 たとえば、キネシンスーパーファミリーとよばれるタンパク質群が有名じゃの。これらは、自身がもつATP分解酵素（ATPase）活性を利用し、分子内に取り込んだATPを加水分解する。キネシンは二量体を形成しており、ATP加水分解と、ADPからATPへの転換によって、交互に足を上げて歩くように微小管上を進むのじゃ。

キノコ助手 わあ～、本当に歩いているようですね！

博士 紡錘糸による染色体の分配はきわめて正確じゃが、がん細胞には染色体異常が比較的よくみられる。染色分体の不均一な分離が偶発的に起こると、細胞質分裂にも失敗して2つの核をもつ細胞が生じ、引き続いて起こる細胞分裂では正常な紡錘糸が形成できずに、染色体を過剰にもった細胞や欠落した細胞が高頻度で生じる。これは、核分裂と細胞質分裂が一体として制御されていることを意味しておるな。

キノコ助手 生物のしくみは知れば知るほど、おもしろいですね～！

博士のつぶやき 染色体の動原体部分の構造体をキネトコアとよぶのぉ。キネトコアはCENP-CやCENP-Tとよばれるタンパク質など多数のタンパク質で構成される巨大タンパク複合体で、紡錘糸がここに結合するのじゃ！

1-6 ミトコンドリアや葉緑体も分裂する

博士 おーい、今日はミジンコさんが珍しい生き物をもってきてくれたぞ。原始紅藻のシアニジオシゾンじゃ。観察してみなさい。

キノコ助手 はーい！ 顕微鏡でみてみますね。あれ？ この大きいのはなんですか？ 葉緑体？ でも1つしかありませんね…。

原始紅藻シアニジオシゾン（*Cyanidioschyzon melorae*）の細胞分裂過程

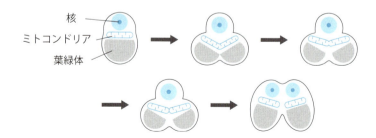

博士 そうじゃ！ シアニジオシゾンは葉緑体もミトコンドリアも1個ずつしかもっておらん。なんともコンパクトな生き物なのじゃな。

キノコ助手 あ！ いまにも2つに分かれそうなのがありますよ！ 分裂するときには、ミトコンドリアや葉緑体はどうなるんですか？

博士 ふむ。この紅藻の場合、細胞分裂がはじまる前に必ず葉緑体とミトコンドリアが2つに分裂して、それぞれが娘細胞に分配されるように制御されておる。

キノコ助手 なるほど！ ミトコンドリアも葉緑体もそれ自体が分裂するから、細胞が分かれてもちゃんとミトコンドリアも葉緑体もあるんですね。

博士 さようじゃ。実は、分裂する順番も決まっておるぞ。葉緑体、ミトコンドリア、核、細胞の順番に分裂するのじゃ。おもしろいことに、この藻類では、葉緑体分裂が終わる前に細胞分裂がはじまっては困るので、葉緑体が細胞分裂の開始を制御しておるらしいぞ。

キノコ助手 なるほど〜！ じゃあ、ほかの生物のふつうの細胞で、ミトコンドリアや葉緑体がたくさん入っている細胞はどうしてるんです？

博士 その場合は、何もしなくていいんじゃ。数が多ければ細胞分裂しても、片方の娘細胞からミトコンドリアや葉緑体がなくなることはないからな。少しぐらい数が減ってもまた分裂すればよいのじゃ。

キノコ助手 数が多い場合は、必ずしも細胞分裂の前にミトコンドリアや葉緑体は分裂する必要はないんですね。

博士 そうじゃ。しかし、ミトコンドリアと葉緑体のそれぞれの分裂のしくみはあるじゃろうなぁ。

キノコ助手 研究したいです〜！

博士のつぶやき シアニジオシオンでは、葉緑体の分裂が核ゲノムの複製を制御しているのじゃよ。つまり、葉緑体分裂がはじまった時点が、細胞分裂がはじまった時点といえるな。ほかの動物ではどうであろうなぁ…。

1-7 葉緑体やミトコンドリアも遺伝する

キノコ助手 博士〜！ ミトコンドリアと葉緑体は、酸素呼吸をする細菌の仲間と光合成をするシアノバクテリアの仲間が、それぞれ細胞内部に共生して生じた細胞小器官ですよね？ オルガネラっていうんですよね。

博士 そのとおりじゃ。

キノコ助手 だから、ミトコンドリアも葉緑体も、内部に独自のDNAをもっているんですね。

博士 そうじゃ。それで、今日の疑問はなんじゃ？

キノコ助手 遺伝物質としてDNAをもっているとすると、それは次世代に遺伝するんでしょうか？

博士 もちろんじゃ！ 次世代に遺伝する。ミトコンドリアと葉緑体は細胞小器官として細胞質にあるから、これらのゲノムは、核内の染色体とは独立に細胞質の一部として遺伝するのじゃ。このような遺伝形式を細胞質遺伝といってな、受精卵の細胞質因子として遺伝するのじゃ。

キノコ助手 受精卵の細胞質は、動物でも植物でも一般的には母親の卵細胞由来ですよね？ すると、ミトコンドリアと葉緑体は母親からのみ遺伝するんですね。

博士 うむ。たとえば、葉緑体のゲノムで考えてみよう。オシロイバナの葉に白い斑（はん）が入る"斑入（ふい）り"を起こす遺伝子は、葉緑体のゲノムに存在しており、この斑入りを起こす遺伝子は雌親つまりめしべ親からのみ遺伝する。すなわち、オシロイバナでは卵細胞側の葉緑体ゲノムしか次世代に遺伝しない。このように、葉緑体のゲノムが雌親からしか遺伝しない例は、多くの被子植物でみられるのじゃ。

キノコ助手 やっぱり、受精の際には、花粉由来の精細胞の葉緑体は受精卵に伝達されないんですね？ 卵細胞にある葉緑体がそのまま伝達されるんですね？

オシロイバナにおける斑入りの細胞質遺伝

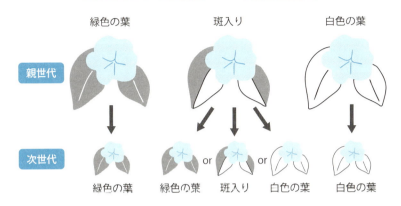

博士 　正確にいうと、それも少し違うのじゃ。実はな、どうも受精卵の精細胞由来の葉緑体ゲノムはなんらかの機構が働いて積極的に分解されているようなのじゃ。動物のミトコンドリアも母性遺伝するが、この場合も受精後に積極的に精子由来のミトコンドリアが分解される例が知られておる。なぜ、雄由来のミトコンドリアゲノムが分解されるのか、謎じゃのぉ！　男はつらいのじゃ！

キノコ助手 　ふーん…。

 博士のつぶやき 　葉緑体ゲノムは常に母性遺伝するわけではない。針葉樹では葉緑体ゲノムの父性遺伝、つまり花粉側からの伝達が知られておる。植物では両方の両親から葉緑体ゲノムが伝達される両性遺伝も知られておるから複雑じゃなあ。

15

1-8 植物は染色体を増やしたい？

キノコ助手 博士〜！ いろんなムギの染色体を顕微鏡で観察しているんですが、染色体の数が大きく違いますよね。

博士 おぉ！ それは倍数性という現象じゃ。植物ではしばしば、同じ属内の近縁種間に染色体数の増減がみられることがあるのじゃ。

キノコ助手 へぇ〜！ どうしてそんなことが起こるのでしょう？

博士 たとえば、パンコムギは42本の染色体つまり21組の相同染色体を、マカロニコムギは28本の染色体つまり14組の相同染色体を、タルホコムギやクサビコムギ、ヒトツブコムギは14本の染色体つまり7組の相同染色体をもっておるのじゃ。

キノコ助手 何か法則性がありそうですね！

博士 そのとおり！ 最も染色体数の少ないタルホコムギ、クサビコムギ、ヒトツブコムギの染色体数14の半数7、つまり相同染色体の種類の数を基本としたとき、マカロニコムギは $7 \times 4 = 28$ 本の、パンコムギは $7 \times 6 = 42$ 本の染色体をもっているといえる。このように一般に、基本数の整数倍の染色体数の増減が近縁種間にみられる現象を倍数性とよんでいるのじゃ。そして、基本数を x として、パンコムギのように基本数の6倍＝ $6x$ の染色体をもつものを6倍体、マカロニコムギのように基本数の4倍＝ $4x$ の染色体をもつものを4倍体、タルホコムギ、クサビコムギ、ヒトツブコムギのように基本数の2倍＝ $2x$ の染色体をもつものを2倍体とよぶのじゃ。

キノコ助手 私たちヒトや哺乳類は2倍体ですよね？ どうして、植物はそんなことをしているんですか？

博士 まだまだ仮説の段階じゃが、植物は動物と違って動けないから、暑さ寒さ、乾燥や加湿、太陽光線や強風など、さまざまな環境ストレスに曝される。そのために環境応答する必要があり、染色体をため込むことによって遺伝子数を増やし、遺伝子の作用を分化させていると考えられているのじゃ。

キノコ助手 なるほど。それにしてもどうやって染色体数を増やすんですか？

博士 減数分裂の異常、たとえば、2回の分裂を1回にして、通常の半数染色体の配偶子ではなく、染色体数が半減しない2n配偶子をつくる能力が植物にはあるのじゃ。2n配偶子の花粉が2n配偶子のおしべに受粉すると、染色体は倍化するのぉ！

キノコ助手 植物も生きるためにすごい戦略を備えているんですねぇ。

植物における正常な減数分裂と2n配偶子（非還元配偶子）を形成する3つの異常減数分裂過程

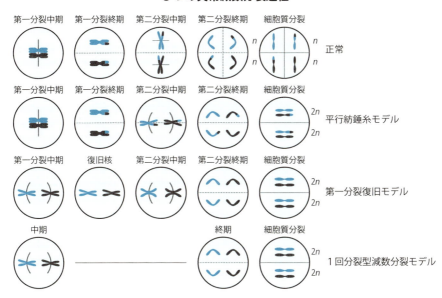

博士のつぶやき 1918年、北海道帝国大学の坂村 徹 博士によって、コムギの仲間では染色体基本数が7であり、2倍体、4倍体、6倍体の種で構成されていることが世界ではじめて明らかになったのじゃ！　倍数性の発見じゃな。

1-9 種なしスイカにはなぜ種がない？

キノコ助手 博士～！　昔から気になっていたんですけど、どうして種なしスイカには種がないんですか？

博士　今日は基本的な質問じゃな。配偶子のできるときの減数分裂は知っておるな？

キノコ助手　もっちろん知っています。減数分裂は、配偶子ができるときに親の染色体数を半分にする過程ですよね。2倍体の生物は相同染色体を2本ずつもっていて、減数分裂で生じる生殖細胞は相同染色体を1本ずつもっているんですよね。

博士　そのとおりじゃ！　減数分裂によって親の半分の染色体数をもつ生殖細胞をつくるには、相同染色体を2本ずつもつことが必須なんじゃよ。実は世の中には相同染色体を3本ずつもつ3倍体の生物がごく一般的に存在するんじゃ。たとえば、ヒガンバナは3倍体じゃな。種なしスイカも3倍体じゃ。減数分裂では染色体を正確に半分に分けられないので、受精能力をもつ配偶子をつくることができないのじゃ。

キノコ助手　じゃあ3倍体植物はどうやって増えるんですか？

博士　3倍体植物はもっぱら無性生殖で増えるんじゃ。たとえば、ヒガンバナは球根で増える。市販のバナナは3倍体で、土のなかにできる球茎で増えているのじゃ。野生の3倍体植物のなかには、減数分裂を経ないで卵が形成され、

多数の種子を含むインドネシアの市場で売られているバナナ
(リュウキュウイトバショウ、*Musa balbisiana* Colla)

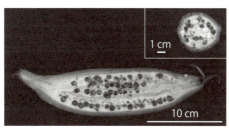

©Dr. Endang Semiarti

さらにその卵が受精することなく種子となり、無性的に増えているものもあるのじゃ。

キノコ助手 でも、種なしスイカも無性生殖っていうのは変ですよね？

博士 おお、少しややこしい話をしてしまったのぉ。3倍体のタネなしスイカは、3倍体のタネなしスイカが増やされているのではなく、4倍体と2倍体のスイカを人工的に交配してつくられているのじゃ。そうすると、花のなかの子房の部分が大きくなって実はできるんじゃが、種子はできないのじゃよ。

キノコ助手 へぇ〜、手間がかかっているんですね。

博士 自然のなかで4倍体と2倍体との有性生殖によって、3倍体が形成される場合もあるのじゃ。4倍体は相同染色体を4本ずつもつが、減数分裂によって相同染色体を2本ずつもつ生殖細胞をつくることができ、有性生殖が可能となる。ある種の植物には互いに交配が可能な4倍体、3倍体、2倍体の系統があり、3倍体の系統は4倍体と2倍体との交配によって生じるのじゃな。

博士のつぶやき 2014年、慶應義塾大学の研究グループが、3倍体のプラナリアが有性生殖を行うことを証明し、世界をあっと驚かせたのじゃ。研究グループは、雄側と雌側の減数分裂も丹念に観察し、雌雄それぞれで通常とは異なる様式の減数分裂が行われて、配偶子が形成されることも発見したのじゃ！

1-10
熾烈な精子どうしの受精競争

キノコ助手 博士〜！ 動物のオスは精巣でたくさんの精子をつくりますよね。とってもたいへんな作業だと思うんですけど、ヨコスジカジカっていう魚は、受精に関与しない精子をつくるらしくて…。どうしてそんなむだなことをするのでしょう？

博士 おお、それは異型精子じゃな。みつけたのは日本の早川洋一博士じゃ。早川博士は学生時代にヨコスジカジカの精巣を観察し、正常な精子に混ざってべん毛をもたないコーヒー豆のような精子があるのに気がついたのじゃ。精子形成に失敗する細胞もあるだろうが、失敗にしてはあまりにも多く、どのオスにもみられることが気になって研究をはじめたそうじゃ。

キノコ助手 やっぱり好奇心は研究の原動力ですね！

ヨコスジカジカの異常精子と正常精子

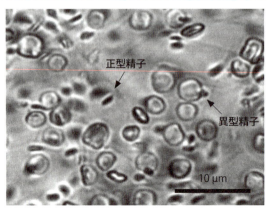

博士 そのとおりじゃ！ ヨコスジカジカの異型精子は、減数分裂の第二分裂で細胞質分裂が起こらずに、2倍体の精子として形成され、正型精子と異なって豊富な細胞質を含んだ巨大な細胞なのじゃ。

キノコ助手 どうしてそんな精子をつくるんですか？

博士 ヨコスジカジカのメスは、粘性の高いジェル状の物質中に多数の卵を含んだ卵塊を産むが、オスは正型精子と異型精子が混ざった精液を海水中に放出するのじゃ。放出された異型精子は塊となって精子を海水中に拡散しにくくし、さらに卵塊の表面を覆って、別のオスの正型精子の侵入を妨げるのじゃ。つまり、一緒に放出された正型精子が受精するチャンスを増大させる補助の役割を担っておる。

キノコ助手 正型精子を助けるために異型精子をわざわざつくると…。ほ〜！

博士 同じ動物種のオスの間で、自分の遺伝子を次世代に受け継がせるための競争を精子競争というのじゃ。ヨコスジカジカの場合、精子競争が世代を超えて続いた結果、減数分裂の過程を変更して異型精子をわざわざつくるようなしくみを獲得したと考えられておる。

キノコ助手 どうせ精子競争があるのなら、わざと負ける精子をつくって、正常精子をまもろうと思ったわけですね。生物進化って不思議ですねえ！

博士のつぶやき ゾウの射精1回あたりの精液に含まれる精子の数は約2,000億個じゃが、ネズミは950万個なのじゃ。精子1個のだいたいの大きさはゾウが50μmに対し、ネズミが120μm。体の大きな動物では、その精子がメスの大きな生殖器のなかで希釈されるため、数が必要なのであろう。しかし、小さな動物では、精子濃度に加えて、卵に早く到達するために大きさも重要じゃ。大きさだけいえばミバエの精子はコイル状に巻かれ、5.8cmもある！

Part 2 生命現象と物質

 イントロダクション

　生物の細胞を構成するおもな物質は、タンパク質、核酸、脂質じゃの。核酸は、遺伝子の本体DNAやDNAの働きをいろいろと助けるRNAじゃ。真核生物では細胞核内でDNAの遺伝情報は伝令RNA（メッセンジャーRNA；mRNA）に転写される。mRNAが細胞質にあるリボソームと結合して、その遺伝情報が翻訳されタンパク質がつくられるんじゃ。つまり、DNAが変化すると、タンパク質も変化するということじゃ。酵素はタンパク質の1種じゃから、酵素の働きが違ってくると生物におおいに影響がでることは容易に想像できるな。脂質では、生体膜を構成するリン脂質がとくに重要じゃ。そうそう、酵素が働くことによって、生体を維持するための代謝がなされる。呼吸や光合成といった代謝によって、エネルギーとなるATPが合成されるの。

　細胞内のDNAの全体を指すのに「ゲノム」という言葉が使われるな。「ゲノム」のそもそもの意味は、2倍体の配偶子に含まれる染色体の1セットを指しておったが、現在では、細胞内の全DNAを指すことが多くなった。真核生物のゲノムは不思議で、"はみだし生物"学的な発見がまだまだあるのぉ。それから、生命をささえている代謝にも、まだまだ不思議がかくれておる。

　　　　　　　　　該当する教科書の項目

　高校「生物基礎」▶遺伝子とその働き、生物とエネルギー
　高校「生物」▶生命現象と物質

2-1
DNAは右巻きの二重らせん

キノコ助手 博士〜！ これをみてください。ワトソンとクリックが明らかにしたDNAの二重らせん模型です。とってもきれいな形ですよねえ。

博士 そおじゃのぉ！ このDNAの構造の美しさが君にもわかるのじゃな。DNAは2本のポリヌクレオチド鎖からできていて、それぞれのポリヌクレオチド鎖骨格の糖から突きでた塩基は、アデニンAはチミンTと、グアニンGはシトシンCとそれぞれ結合して塩基対を形成しておる。

キノコ助手 うんうん、なるほど。

博士 2本のポリヌクレオチド鎖は、全体にねじれて「二重らせん」構造をしておる。「二重らせん」は右巻きで、1回転のらせん内に、ちょうど10塩基対が存在しておる。実に美しい構造じゃの。

キノコ助手 自然界に存在するものはすべて美しいのですねぇ。

博士 うーん、そうともかぎらんぞ。これをみたまえ。

キノコ助手 こっ、これは…？ いびつな左巻きのDNAですね…。

博士 そうじゃ。これは、ポリヌクレオチド鎖の骨格がジグザグになった左巻きのZ型DNAじゃ。

正常な右巻きDNA（B型）と左巻きDNA（Z型）の糖ーリン酸構造

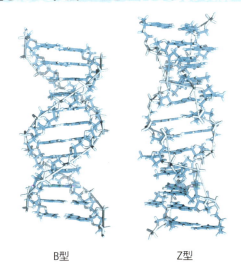

B型　　　　Z型

キノコ助手　ひぇっ〜！　Z型DNAは実際に核内に存在するんですか？

博士　そこなんじゃが、実は、Z型DNAに特異的に結合するタンパク質である2本鎖RNA編集酵素（ADAR 1）が発見されたのじゃ。これは、細胞核内に実際にZ型DNAが存在していることを示しておる。

キノコ助手　でもどうして左巻きのZ型DNAが存在しなくてはならないんですか？　不思議ですよね！

博士　DNAの転写の際にはDNAの二重らせんが"ほどける"必要があるのじゃ。二重らせんがほどかれると、その周辺にねじれる方向に力が働く。それを回避するために、二重らせんを左巻きにする力が働き、Z型DNAが形成されると考えられるのじゃ。遺伝子領域のDNAにはZ型DNAがあり、そのZ型DNA領域を目指して転写されたRNAの編集に必要なADAR 1がやってくる、と考えるとつじつまが合うのお。まだまだ、仮説の段階じゃがな。

博士の
つぶやき

RNA編集とは、DNAの遺伝情報がRNAに転写されたあとに、ヌクレオチドの挿入、欠失、置換により、塩基配列が改変されること、つまり編集されることをいうのじゃ。ADAR 1はRNA編集を行うある種の酵素なのじゃ。3-5を参照するとよいぞ！

2-2 染色体を構成するクロマチン30 nm繊維は存在しない!?

博士 ちょっと、教科書をみせてくれ。

キノコ助手 はい、どうぞ。どうしたんですか?

博士 DNAがヒストンタンパク質に絡まってクロマチンを形成し、それが折りたたまれて染色体を構成しているのは知っておるな? 染色体を構成する

主要素のクロマチンの30 nm繊維については、どの教科書にも載っておるな。うーん、教科書を書きかえねばならんなぁ…。

キノコ助手 教科書を書きかえる!? どういうことですか? その30 nm繊維っていうのは、実際には存在しないんですか?

博士 そうなのじゃ。日本の前島一博 博士が改めてX線構造解析をしたところ、30 nm繊維の存在を示す証拠はみつからなかったそうじゃ(Cell Biology, **22**, 291, 2010)。どうやら、1976年にこの構造を発表したイギリスのクルーグ博士は、染色体の本体ではなく、染色体の表面に付着するリボソームを観察して勘違いしたのでは、ということじゃ。そんなこともあるのじゃなあ。

キノコ助手 ほへ〜! 本当だと思われていることでも、改めて観察し直して確認することが大切なんですね!

博士 そのとおりじゃな。実験機器も日進月歩で進化するからのぉ。これまでは、30 nm繊維がさらに、100 nm、200 nm、500 nmと階層的に折りたたまれて染色体を構成していると考えられていたんじゃが、これらの階層構造もみつからなかった。どうやらDNAはかなり不規則に、いい加減に折りたたまれて染色体を構成しているようじゃ。

クロマチン30 nm繊維を中心とした染色体の構造モデル

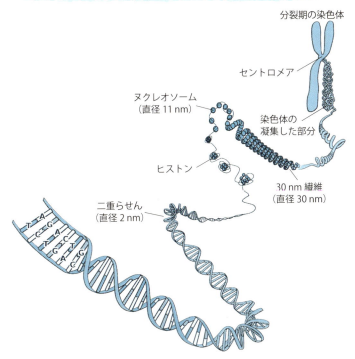

- **キノコ助手** そんな、いい加減なあ…。想像の産物だったんですかあ！ とってもよくできたモデルだと思っていたのに。
- **博士** 規則正しく折りたたまれた階層的な構造より、ある程度いい加減に折りたたまれた構造のほうが、ほしいところだけをほどくなど、遺伝子発現パターンの柔軟性を生みだしやすいのかもしれないのぉ。
- **キノコ助手** なるほど！ でもDNAって、絡まらないのが不思議なくらい長いんですよね。
- **博士** 謎はつきないのぉ。

 博士のつぶやき ヒトの1つの細胞の核にあるDNAを取りだして、ひとつなぎにすると、1.8 mくらいになる。それでも絡まらないのはなぜかのぉ？ もし絡まってしまったら、細胞分裂ができんからのぉ。

2-3 ヒトのゲノムで好き勝手に動き回る ウイルス遺伝子

キノコ助手 博士〜！ 私たちのゲノムのなかにウイルスの遺伝子がいっぱいあるって本当ですか？

博士 そのとおりじゃ！

キノコ助手 そ、そんなものがたくさんあって、だいじょうぶなんでしょうか？

博士 みんなが心配すると思って、黙っておったのじゃが…。でも、そんなに心配するな。

キノコ助手 ど、どうしてウイルスの遺伝子が私たちのゲノムにあるんですか？

博士 ヒトを含め真核生物は、進化の過程でレトロウイルスとよばれるウイルスの感染にさらされてきたのじゃ。レトロウイルスは遺伝情報としてRNAをもつウイルスでのぉ、真核生物の細胞に感染すると、自身がもつ逆転写酵素を働かせてRNAからDNAをつくって真核生物のゲノムに入るというわけじゃ。

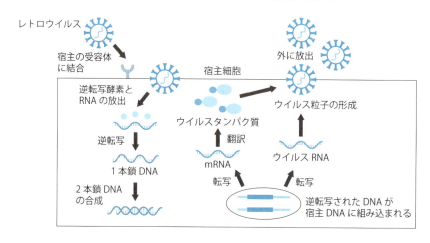

レトロウイルスの生活環

キノコ助手 す、すると、そのウイルス由来のDNAからの転写によってウイルスRNAがつくられ、ウイルスができるんですね！

博士 そうじゃ！ そのように真核生物のゲノムに入り込んだウイルス由来のDNA配列（レトロエレメント）が突然変異し、もはやウイルスをつくらなくなったものがレトロトランスポゾンとよばれるDNA配列なのじゃ。レトロトランスポゾンは転写され、RNAからさらに逆転写酵素によりDNAに逆転写され、その逆転写されたDNA配列が染色体DNA上に組み込まれてゲノム上を転移するのじゃ。

キノコ助手 そ、そんなあ！ 私たちのゲノムにはそんなものがあるのですか！？ ゲノム上を動き回るウイルスの残骸DNAだなんて…。

博士 それだけじゃないぞ。レトロトランスポゾンががん遺伝子中、もしくはその発現調節に関係する領域に挿入してしまうと、遺伝子の構造や発現パターンを破壊し、細胞のがん化を引き起こすケースも知られておるのじゃ。

キノコ助手 なんだかとっても恐ろしくなってきました…。

博士 はっはっは、そう心配するな。そうめったやたらには動かんよ。それに、真核生物もやられっぱなしばかりではないぞ。レトロトランスポゾンの転移によって、染色体上に存在している遺伝子の構造を破壊したり、遺伝子発現を弱めたり、その逆に強めたりする現象を引き起こすじゃろ。この現象は、生物の進化の面から考えると非常に重要で、ダーウィン進化論でいう自然選択に打ち勝つための優位な表現型を獲得するための手段にもなりうるのじゃ。真核生物は、感染されて自身のゲノムに残留したウイルス遺伝子の残骸を、実は進化に利用しているのかもしれんのじゃ！

博士のつぶやき RNAを鋳型にして、DNAが合成することを逆転写というのじゃ。逆転写酵素は、RNA依存性DNAポリメラーゼとよばれ、RNAゲノムをもつレトロウイルスに存在しておる。逆転転写酵素は遺伝子工学のさまざまな場面で利用されておるのじゃ。

2-4 ゲノムの大きさに意味はあるの？

キノコ助手 博士〜！ いろんな生物のゲノムサイズが載った表をみつけました！ ゲノムサイズって、核DNAの塩基数ですよね？

博士 そのとおりじゃ！ よいものをみつけたの。

キノコ助手 ヒトのゲノムサイズは3,235 Mb（メガベース）ですね。メガは10^6だから、30億塩基！？ すごい！ そして、タンパク質の情報をもっている遺伝子が約2万2,000個かあ！

博士 ヒトが2万2,000個しか遺伝子をもっていないということは、当初の予想と大きく違って驚きなのじゃが、まあ、その話は別の機会にしよう。キノコさん、脊椎動物でゲノムサイズが小さいのは何だと思う？

キノコ助手 ええっと…あっ、魚類のトラフグです！ 遺伝子はヒトと同じくらいあるといわれているのに、ゲノムサイズは365 Mbしかありません！

トラフグとほかの動物とのゲノムサイズ比較

一般名	ゲノムサイズ（総塩基対数）
ヒト	3,235 Mb
ハツカネズミ	2,646 Mb
トラフグ	365 Mb
トノサマバッタ	6,500 Mb
キイロショウジョウバエ	175 Mb
線虫	100 Mb

博士 うむ、なぜこんなにトラフグのゲノムサイズは小さいと思うかね？

キノコ助手 遺伝子数が同じくらいということは、遺伝子以外のDNA量が異なるんですよね。

博士 そのとおりじゃ！遺伝子以外のDNAの大部分は、同じ塩基配列が繰り返す反復配列とよばれる部分で、ヒトゲノムでは54％、つまり約半分は反復配列で占められておる。

レトロウイルスの残骸であるレトロトランスポゾンも反復配列の1つじゃな。

博士 トラフグは反復配列が少ないんですね！

博士 いかにも。トラフグのゲノムサイズはヒトゲノムの約8分の1しかなく、脊椎動物最少じゃ。

キノコ助手 どうしてトラフグには反復配列が少ないんでしょう？

博士 トラフグは、硬骨魚の進化において最も派生的な進化を遂げた魚の1つといわれておる。その過程で、翻訳されないDNA領域の大部分が取り除かれてきたらしい。なぜそのようなことが起こったのかは謎じゃ。トラフグは体内にテトロドトキシンという毒をもっており、日本以外ではあまり食用にされないじゃろ。また、成熟するまでに2～3年かかり、メダカやゼブラフィッシュといった研究室内で短期間に世代を繰り返す実験魚に比べると研究対象になりにくい。しかし、コンパクトなゲノムをもったトラフグは、脊椎動物のゲノムの機能や進化についての研究における重要なモデル動物の1つなのじゃ。トラフグはおいしいだけじゃなく、すごいのじゃ！

博士のつぶやき 異なる種の完全なゲノム配列と構造を比較する研究を「比較ゲノミクス」というのじゃ！

2-5
水平伝播？ "感染する" 遺伝子

キノコ助手 博士〜！ 最近、いろいろな生物のゲノム解析が進んでいますね。ある生物のゲノム中にほかの生物のゲノムの一部や遺伝子の配列がみつかっているって本当ですか？ 何かの間違いじゃ？

博士 間違いではないのぉ。このように種を超えた個体間やほかの生物間での遺伝子の取込みを、遺伝子の水平伝播とよぶのじゃ。

キノコ助手 そんな無茶苦茶な！ 遺伝子は同種の親から子へと伝達されるものでしょ！

博士 そのとおりじゃが、生物には例外がつきものじゃ。遺伝子の水平伝播のよく知られている例は、集団食中毒を発生させる病原性大腸菌O-157じゃよ。O-157は出血性の腸炎を引き起こす毒性の強い細菌で、感染すると激しい下痢と腹痛を起こす。その原因がベロ毒素で、そのうちの1つはもともと赤痢菌で、1898年に志賀 潔 博士によって発見された志賀毒素と同じであることがわかっておる。この大腸菌のゲノムを調べてみると、毒素産生性DNAの部分が赤痢菌のDNAからバクテリオファージによって取り込まれたのではないかと推測されているのじゃ。

キノコ助手 そうかあ！ ファージが運び屋になったんですね。細菌だからそんなことが起こったんですよね？ ほかの生物間では無理ですよね？

Part2 生命現象と物質

博士 ところが、脊索動物でも起こっていたのじゃよ。海にいるホヤでも最近明らかになったのじゃ。ホヤは動物の一種じゃが、セルロースでできた被のうに覆われておる。セルロースは、植物細胞の細胞壁や繊維の主成分であり、地球上で存在する炭水化物のなかで最も多いが、動物は一般に合成できない物質なのじゃ。

水槽で飼育中のいろいろなホヤ

右上のパイナップルのような個体はマボヤ。

カラーの写真は化学同人HPでCheck it out！

キノコ助手 まさか、植物からセルロース合成遺伝子が伝わったのではないですよね…？

博士 細菌からじゃよ。ホヤのもつセルロース合成酵素と分解酵素は、細菌のものに近いということがわかったのじゃ。しかも、この2つの遺伝子の並びが、細菌でみられる遺伝子の並びと対応しておるのじゃ。

キノコ助手 ほや〜！　あ、失礼しましたあ！

博士 おそらく進化の過程で、ホヤの祖先動物に細菌からセルロース合成酵素と分解酵素の遺伝子が水辺伝播することで、ホヤがセルロースを合成できるようになり、固着生活を送れるようになったのではないかと考えられておるのじゃ。

博士のつぶやき

セルロースは炭水化物（多糖類）の1種で、β-グルコース分子が直鎖状に連なった天然高分子化合物じゃな。

2-6 「ヒカリコキュウ」って何？

キノコ助手 博士〜！ 植物は、昼間は「光合成」によって二酸化炭素を取り込んで酸素をだして、夜間は「呼吸」によって酸素を取り込んで二酸化炭素をだすんですよね？

博士 おお、そのとおりじゃ。

キノコ助手 なるほど〜！ じゃあ、ここに書いてある「光呼吸」ってのは何ですか？ 「光を当てると二酸化炭素がでる」ってあります。光合成の装置が壊れたんでしょうか？

博士 いやいや、光呼吸は植物がもともともっているしくみじゃよ。光合成の反応の中心を担っている「ルビスコ」という酵素は、二酸化炭素を取り込むカル

酵素ルビスコの反応の概略

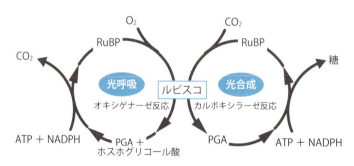

RuBP：リブロース1,5-ビスリン酸
PGA：3-ホスホグリセリン酸

博士 ボキシラーゼの作用と酸素を取り込むオキシゲナーゼの作用の両方をあわせもっておる。

キノコ助手 そんな器用な酵素があるとは…。どうやって使い分けているんですか？

博士 まわりの空気の組成、つまり、酸素が多いか二酸化炭素が多いかによってどちらの性質が強くでるかが変わるのじゃよ。

キノコ助手 な、なんと！

博士 強い光が当たっているのにまわりの二酸化炭素が少ないときには、オキシゲナーゼの性質が勝って、光合成つまりカルボキシラーゼ反応ではなく光呼吸つまりオキシゲナーゼ反応が進んでしまうのじゃよ。

キノコ助手 え〜、そんなもったいない！ ルビスコってポンコツじゃないですかぁ。光呼吸なんてやめてしまえばいいのに。

博士 いやいや、実は光呼吸ができなくなると、植物の生育は悪くなってしまうのじゃ。光呼吸は、葉に強い光が当たることによって発生した活性酸素から植物細胞を守るために大切なしくみだと考えられているのじゃ。

キノコ助手 植物は自分で動けないぶん、環境にいろいろと適応する手段をもっているんですね。

博士 そのとおりじゃな！

博士のつぶやき 光呼吸をさらに詳しく説明するとな、二酸化炭素が不足しているときに、光合成で生じたATPと還元力（NADPH）を使って有機物を分解し、二酸化炭素を発生させる反応なのじゃよ。

2-7
生物のエネルギー源はATPだけじゃない

キノコ助手 博士～！ 生物の共通のエネルギー物質はATP（アデノシン三リン酸）ですよね？

博士 そのとおり！ ATPはアデノシンにリン酸が3つ結合した物質じゃの。このリン酸結合にエネルギーが隠されておる。

キノコ助手 どうしてアデノシンじゃないといけないんでしょう？ グアニンと糖からなるグアノシンにリン酸が3つ結合したGTPもありますよね？ ほかにも、シトシンと糖からなるシチジンや、ウラシルと糖からなるウリジンにリン酸が3つ結合したCTPやUTPも存在しますよね？

博士 な、なんと！

キノコ助手 どうして、細胞内のエネルギーの受け渡し役としてATPが広く使われるようになったんですか？ たまたま、進化の過程でATPが選ばれたんですか？

博士 おおおお！ そのような疑問をもつということは、君もずいぶんと1人前になった証拠じゃ！

キノコ助手 おほめいただき、恐悦至極です～！

博士 ミトコンドリア内のクエン酸回路では、ATPが直接つくられるのではなく、まずGTPがつくられるんじゃ。GTPが末端のリン酸をADPに渡してATPが合成される。GTPは細胞内に広く存在し、GTPと結合して加水分解するタンパク質が細胞のシグナル伝達に働いておる。GTPを加水分解するタンパク質を総称してGTP結合タンパク質（GTPアーゼ）という。GTP結合タンパク質のなかで、細胞膜上の受容タンパク質といっしょに働き、ホルモンや神経伝達物質などの細胞外刺激の情報を細胞内に伝達するものをとくにGタンパク質とよんでいるのじゃ。

活性型と不活性型GTPアーゼ

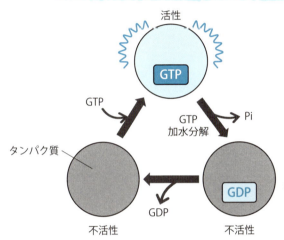

GTPアーゼはGTPと結合することよりタンパク質機能を発揮する。リン酸（Pi）が除去されたGDPでは不活性となる。

キノコ助手 なるほど〜！　GTPも体のなかでいろいろ使われているんですね！

博士 そのとおり！　さて、君の最初の質問じゃが…このようにATPだけでなくGTPも生物にとって重要な物質なんじゃが、ATPやGTPの使われ方に必然性はみつかっておらん。つまり、進化の過程で、たまたま偶然にそれぞれの役割を担わされたように思われるのじゃ。不思議じゃのぉ！

博士のつぶやき シグナル伝達とは、細胞における外部刺激の受容から生理機能発現に至るまでの一連の反応をいうのじゃ。タンパク質のリン酸化反応はシグナル伝達できわめて重要じゃ。タンパク質はリン酸化されると立体構造が変化し、機能が変化するじゃろ。リン酸化と脱リン酸化は可逆的反応、つまり両方向に行き来できる反応で、細胞内のシグナル伝達の主要な機構なのじゃ。

2-8
難病のミトコンドリア病

キノコ助手 博士！ この『パラサイト・イヴ』っていう小説、めちゃくちゃ怖いんですけど…。

博士 おお、30年以上も前のホラー小説を読むとは、君もなかなかマニアックじゃの。ミトコンドリアのなかに寄生していた遺伝子が人体をのっとる話じゃったかな？

キノコ助手 そうです、そうです！ これは小説ですけど、ミトコンドリアのなかのDNAが、細胞や人間に影響することはあるんですか？

博士 もちろん、あるぞ！ ミトコンドリアにある遺伝子に欠陥があったり、ミトコンドリアが機能異常を起こしたりすると、もちろん病気になる。そのようなミトコンドリアが関係する病気を「ミトコンドリア病」とよんでおる。

キノコ助手 ミトコンドリア病？！

博士 ミトコンドリアの機能異常は、ATPをたくさん必要とする、つまりエネルギーをたくさん消費する場所に生じやすいのじゃよ。そんな場所にはミトコンドリアがたくさんあるんじゃが、脳や心臓、筋肉などのミトコンドリア病には、ミトコンドリア脳筋症、リー脳症、レーベル病、ミトコンドリア糖尿病などが知られておる。

キノコ助手 ミトコンドリア病は治療できるのですか？

博士 患者自身には心不全や痙攣(けいれん)などの症状を抑える対症療法が行われているが、その病気が子孫に遺伝しないよう治療する方法も研究されておるぞ。

キノコ助手 子孫に伝達しない方法があるといいですよね!

博士 ミトコンドリアのDNAに異常があって起こる病気には、ミトコンドリアが母親の卵を経由してしか遺伝しないことを利用した「3親ハイブリッド法」という治療法が検討されておる。マウスを使った動物実験で成功しており、まだ研究段階じゃが、ヒトでもミトコンドリア病の治療に応用されたことが最近報告されたのぉ。

キノコ助手 ミトコンドリアの健康にも気を配らないといけないんですねえ。

ミトコンドリア病の治療法としての3親ハイブリッド法の原理

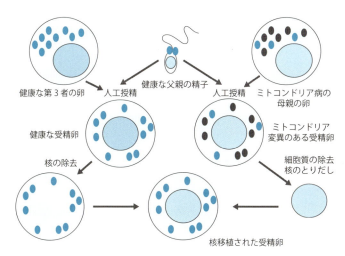

●が正常ミトコンドリアゲノム、●が変異ミトコンドリアゲノムを示す。

博士のつぶやき ミトコンドリアの内部には核とは異なる独自の環状DNAがあるが、哺乳類ではそのDNAの大きさは核に比べて非常に小さい。ヒトの核ゲノムの大きさが約30億塩基対であるのに対して、ミトコンドリアDNAはその約2万分の1、16,569塩基対じゃ。しかし、1個のミトコンドリアには2〜10個の環状DNAが含まれており、体細胞は通常100〜10,000個のミトコンドリアをもつ。そのため、体細胞には同じ配列の環状DNAが、200〜100,000個も存在することになるのぉ。

Part 3 遺伝情報の発現と発生

 イントロダクション

　たくさんの細胞からなる動物も植物も、もとをただせば1個の受精卵から細胞分裂によって複雑な体になったのじゃ。この過程を発生という。細胞分裂の際には、DNAは複製されて2つのコピーがつくられ、2つの細胞に伝達されるのじゃ。だから、多細胞でもすべての細胞には同じ遺伝子が入っとる。しかし、すべての細胞ですべての遺伝子が発現してタンパク質がつくられていたんではたいへんなことになるので、器官の組織ごとに必要な遺伝子のみが働いておるのじゃよ。この遺伝子の発現調節もタンパク質が担っておる。この遺伝子の発現を人為的にいろいろ制御しようとするのが、遺伝子組換え技術、遺伝子工学というやっちゃ。

　生物の発生の過程やさまざまな生体反応の過程では、必要な遺伝子が必要なときに働くのじゃ。DNAの遺伝情報はRNAに転写され、タンパク質に翻訳される。このことを、DNA二重らせんの発見者の1人であるクリックは「セントラルドグマ」とよんだ。DNAとタンパク質の間にあるRNAは、実は曲者なのじゃよ。RNAの研究からは、まだまだ"はみだし生物"学の知見がでるじゃろな。

該当する教科書の項目

中学「第二分野」▶生物の成長とふえ方
高校「生物基礎」▶遺伝情報とタンパク質の合成
高校「生物」▶遺伝情報の発現と発生

3-1
体中の全細胞は同じゲノムをもっている

キノコ助手 博士〜！ 山中伸弥 博士のiPS細胞って、分化した成体の細胞に4つの遺伝子を導入することによってつくられた、多能性を示す未分化の細胞ですよね？

博士 そのとおりじゃ！ 細胞を人為的に未分化な状態、つまり全能性をもつ卵に近い状態に戻すことができたというのが大発見なのじゃ。分化した細胞も、受精卵と同じ遺伝情報をもつということじゃな。

キノコ助手 分化した細胞も全遺伝情報をもつということは、以前から知られていたんですか？

博士 山中博士とともにノーベル賞を受賞したイギリスのガードン博士の研究が最初じゃな。1962年にガードン博士は、アフリカツメガエルの小腸の上皮細

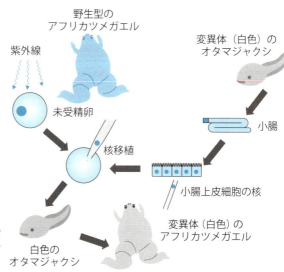

アフリカツメガエルの核移植実験

カエル：©研究ネット〈https://www.wdb.com/kenq/illust/african-clawed-frog〉

Part3 遺伝情報の発現と発生

胞から核を取りだし、紫外線で核を不活化した未受精卵に移植したのじゃ。すると少数じゃが正常なオタマジャクシが発生したのじゃ。その後、核移植卵からカエルが生まれ、分化した成体の細胞の核にも、からだをつくるのに必要なすべての遺伝情報があることが示されたのじゃよ。

キノコ助手 このような実験は哺乳類でもできるんですか？

博士 そうじゃ！ 1996年にはイギリスのウィルムット博士により、ヒツジで核移植実験が行われ、核を提供したヒツジと同じ遺伝情報をもつヒツジが誕生し、「ドリー」と命名されたのじゃ。いわゆるクローン動物じゃな！

キノコ助手 博士～！ クローン動物のことはよくわかったんですが、そもそもどうして分化した細胞も全遺伝情報を保持し続けているんですか？

博士 うおおお、すごいところに気がついたな！ 器官や組織にある分化した細胞では、たくさんの遺伝子のうち、それぞれで必要なものだけが働いておるじゃろ。働かない遺伝子をゲノムから除外するとしたら、とても複雑なしくみが必要になる。そのようなしくみの進化は無理だったというわけじゃ。

キノコ助手 なるほど～。それじゃ、分化した細胞で働かない遺伝子はどのようにして働かないようになっているんです？

博士 それはの、「エピジェネティック制御」といって、最先端の遺伝学の研究領域じゃ。まあ、簡単にいうと、発生の過程でクロマチンを構成しているDNAやヒストンタンパク質が、器官や組織ごとにいろいろに化学修飾されて、遺伝子発現を制御しておるのじゃ。

キノコ助手 へええ！ もっと詳しく勉強したいです！

 博士のつぶやき 遺伝子発現が抑制されている領域では、クロマチンが固く凝縮しておるのじゃ！

3-2
DNAの複製でもタイプミスがあるんだって

キノコ助手 博士〜！ DNAは細胞分裂のとき、正確に複製されるんですよねぇ？

博士 そのとおりじゃ！ そうでなくては、分裂した細胞間でDNAの不均衡が起こってしまうからのぉ。DNAの二重らせんは、そっくりそのまま複製され、2つの二重らせんになってそれぞれが分裂した細胞の核に収まるのじゃ。

キノコ助手 DNAの遺伝情報で重要なのは、塩基配列ですよね？ 塩基配列はどうやって正確に複製できるんですか？

博士 DNAの二重らせん構造を思いだしてみよう。二重らせんを構成している2本のポリヌクレオチド鎖は、塩基どうしが結合しておるじゃろ。塩基どうしの結合は相補的結合といってな、アデニンAはチミンTと、グアニンGはシトシンCとそれぞれ結合するという約束があるのじゃ。複製するときには、その塩基どうしの結合が離れ、それぞれに新しくAにはTが、GにはCが結合するようにポリヌクレオチド鎖ができあがって、まったく同じ塩基配列の二重らせんDNAが2つできるのじゃ。

キノコ助手 とってもうまいしくみですね！ これでは間違えっこないですよね？

博士 いやいや、それでも複製の過程で間違った塩基対ができることがあるのじゃ。しかし、間違ったらすぐに間違いに気づき、正しい塩基にもどすしくみも備わっておる。複製に働く酵素はDNAポリメラーゼといってな、片方のポ

リヌクレオチド鎖の塩基をみながら、相補的な塩基を付加して二重らせんを完成させるのじゃ。しかし、もし間違った塩基を入れてしまったら、すぐにそれをまた外してちゃんと正しい塩基につけかえるのじゃ！

DNAポリメラーゼによる校正

実際は、このようになっている。

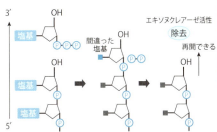

もし、DNAポリメラーゼが3′→5′にDNA合成したら…

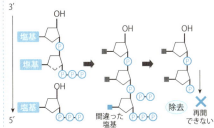

二重らせんのDNAの1本のヌクレオチド鎖を描いている。実際は左図のように、間違ったヌクレオチドが付加された場合、DNAポリメラーゼのエキソヌクレアーゼ活性によって間違ったヌクレオチドは除去され、正しいヌクレオチドが付加される。もし、DNAの複製が3′→5′の方向に進むとすると（右図）、間違ったヌクレオチドを除去した継ぎ目にはリン酸基が1つしかなく、DNA複製を再開できない。

キノコ助手 すごいですね！ これでまったく正確に複製できるわけですね。

博士 ところがじゃ、100億塩基に1つの確率で複製ミスは起こるんじゃよ。DNAの塩基配列が絶対に変化しないなら、生物の進化はあり得んじゃろ。100億塩基に1つの割合で変化するという微妙な状況が、生物進化の原動力の1つになっておるのじゃ。

キノコ助手 ほへ～！ DNAは正確に複製されなければならないし、進化のためにはほんのちょっと間違ったほうがいいし…。生物って本当に不思議ですね。

博士 いかにもじゃ！

博士のつぶやき DNAには、構成要素である糖の5個の炭素の位置（1′～5′とよぶ）によって、5′方向と3′方向があるのじゃ。DNAポリメラーゼは、DNAを5′から3′方向へしか合成できん。そこで、DNA合成の際、ラギング鎖とよばれる片方では、DNAは断片として複製されたあとに結合されるのじゃ。このDNA断片が「岡崎フラグメント」じゃ！ 日本の岡崎令治博士によるノーベル賞級の発見じゃの。

3-3 ヒトゲノムにみるmRNAの省エネ設計術

キノコ助手 博士〜！ ゲノムプロジェクトの結果って正しいのですか？

博士 おぉ！ 今日はまたとんでもないことをいいだすのぉ！ なぜゲノムプロジェクトの結果に疑問をもっておるのじゃ？

キノコ助手 だって、ヒトのゲノムプロジェクトでは、ヒトの遺伝子の数はおよそ2万2,000個っていわれているじゃないですかあ。でも、ヒトの体には10万種類以上のタンパク質が存在するそうですよ！

博士 そのとおりじゃ！

キノコ助手 1遺伝子1酵素説って聞いたことあるんですが、1つの遺伝子から1つのタンパク質ができるんじゃないんですか？

博士 まあ、基本はそうじゃが、生物には例外がつきものじゃ。

キノコ助手 またまた、例外ですかぁ。

博士 真核生物のほとんどの遺伝子にはイントロンが存在するじゃろ。転写されたmRNA前駆体はスプライシングの過程で、イントロンが除去されてエキソンだけのつながりになるのじゃ。

キノコ助手 はい、それは知っています。

博士 実はな、このスプライシングの過程によって生じる成熟mRNAは1種類ではないのじゃ。多くの場合、スプライシングの過程でエキソンが異なった組合せで組み立てられ、1つの遺伝子から複数種類のmRNAがつくられるのじゃよ。これを選択的スプライシングというのじゃ。

通常の単一のスプライシング（A）と選択的スプライシング（B）

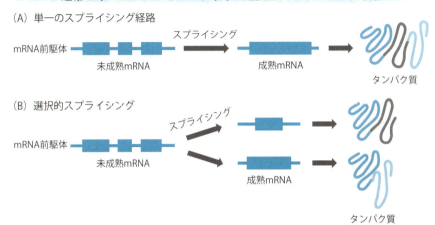

キノコ助手 えええ！ そんなばかなあ！

博士 うん、みんなが混乱すると思ってあまりおおっぴらにはしておらん。ヒトには約2万2,000個の遺伝子しか存在しないが、ヒトのタンパク質の種類が10万種以上存在するのは、選択的スプライシングの賜物じゃな。

キノコ助手 そんな複雑な選択的スプライシング、間違いは生じないんですか？

博士 選択的スプライシングは精密に制御されていると考えられておるが、それでも異常が生じることもある。スプライシング異常と細胞のがん化は関係があると思われるんじゃ。

博士の
つぶやき

1945年に、ビードルとテイタムは、アカパンカビを用いて、栄養要求性に関与する酵素はそれぞれが1つの遺伝子に由来すること、つまり「1遺伝子が1酵素に対応する、1遺伝子1酵素説」を明らかにしたのじゃ。DNAの塩基配列上に管理・維持されている遺伝情報は、mRNAへ転写され、その後、リボソームによりタンパク質に翻訳される。これを分子生物学におけるセントラルドグマといい、地球上の生命体における普遍的法則なんじゃ。

3-4 細胞の運命を決める20文字のRNA

キノコ助手 博士〜！ ヒトゲノムの約98%はタンパク質の情報のない部分らしいですよ。それなのに、細胞内に存在するRNAの大規模な解析からは、ゲノム上の約7割の領域から転写されてRNAがつくられているらしいです。意味がわかりません！

博士 タンパク質の情報のないDNAから転写されたRNAじゃな。つまり、タンパク質に翻訳されないRNAということなのじゃ。non-coding RNA、略してncRNAとよばれておる。

キノコ助手 そんなRNAに意味があるんでしょうか？

博士 ncRNAの1種に、microRNA略してmiRNAというのがあってな、長さ20〜25塩基ほどのRNAで、ほかの遺伝子の発現を調節する機能をもっておるのじゃ。

microRNAの生成過程

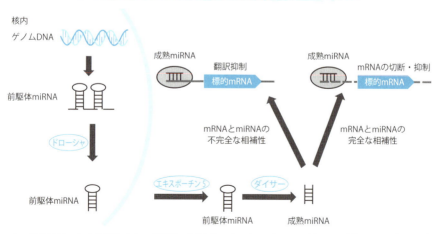

microRNAはゲノムから転写され、前駆体miRNAがいくつかのプロセスを経て、成熟miRNA（完成型）となる。

Part3　遺伝情報の発現と発生

キノコ助手　そんなに短いRNA分子が遺伝子発現の影響を及ぼすんですか？

博士　このmiRNAはな、それ自身と相補的な配列をもつmRNAに結合することで、その翻訳を阻害するのじゃ。あるいはmRNAを分解して発現を阻害する場合も知られておる。つまり、miRNAは自分自身と相補的な配列をもつ遺伝子の発現を抑制しておるんじゃ。

キノコ助手　そもそもどうして、ある遺伝子のmRNAと相補的な配列をもつmiRNAがつくられるんですか？　miRNAもDNAから転写されるのですよね？　そのDNA配列が、ある遺伝子と同じだってことですよね？

博士　レトロウイルスの逆転写反応などが関与した可能性があるが、そこのところはいまだ謎じゃ。いずれにしても、哺乳類では、miRNAが発生、分化、増殖、がんおよびアポトーシスなどの細胞機能の根幹にかかわっていることが明らかになってきておる。ヒトでは、このmiRNAは約1,000種類以上存在しており、さまざまな遺伝子の発現制御を介して最終的に細胞機能を調節すると考えられているのじゃ。

キノコ助手　RNAって不思議ですねえ！

博士　いかにも。RNAには酵素（タンパク質）のような触媒活性があることも知られておる。原始地球における生命の起源では、RNAがタンパク質やDNAよりも先に生命を支える分子として機能したとする「RNAワールド」という仮説が提案されておるのじゃよ。

博士のつぶやき　ある遺伝子のmRNAに対して相補的な配列をもつ2本鎖RNAの作用により、その遺伝子の発現が制御される現象がRNA干渉じゃ。1993年、線虫で最初に発見されたが、その後、単細胞から動植物にいたるさまざまな生物に存在する現象であることが示された。miRNAによる遺伝子発現制御もRNA干渉の1種といえるの。

3-5
生物のワガママ!?
RNAは編集される

キノコ助手 博士～! DNAの遺伝情報は正確にmRNAに写し取られて、それが鋳型となって遺伝情報に従ったアミノ酸が連なったタンパク質ができるんですよね。

博士 そのとおりじゃ。それがセントラルドグマじゃ。

キノコ助手 博士～! また、隠していることがあるんじゃないですかぁ? DNAの遺伝情報がmRNA上で書きかえられることがありますよね。

博士 おぉ! RNA編集のことじゃな。決して隠していたわけじゃないぞ。そのうちに教えようとは思っておった。

キノコ助手 本当かなあ…。で、これはどういうことなんでしょう?

博士 1988年に寄生虫トリパノソーマのRNAで、転写後にRNAが修飾され、塩基配列の配列順序に変化が起こっていることがはじめて明らかになったのじゃ。これをRNA編集（RNAエディティング）といってな、それ以後、いろんな生物で確認されておる。RNA編集では、RNA転写後にC→Uの置換や、A→Gの置換、ウリジン塩基の挿入などが起こり、本来DNA上にはない塩基配列が転写後のRNA上にみられる現象じゃ。

キノコ助手 そんなことをしたら、遺伝情報とは異なるタンパク質ができてしまうじゃないですか！ だいじょうぶなんですか！？

博士 まあ、そう慌てるな。実はもっとすごいこともわかってきておるのじゃよ。

キノコ助手 すごいことってなんですか？ もう、驚きませんよ！

博士 RNA編集はな、遺伝子が発現する組織によって異なることも報告されているのじゃ。たとえば、ヒトのアポリポタンパク質Bでは器官特異的なRNA編集が行われることが知られておってな。肝細胞では、RNA編集は起こらず、4,563アミノ酸からなるタンパク質が合成されるが、腸細胞では、CからUへ編集が起こって終止コドンができ、2,153アミノ酸からなる短いタンパク質が合成されるのじゃ。

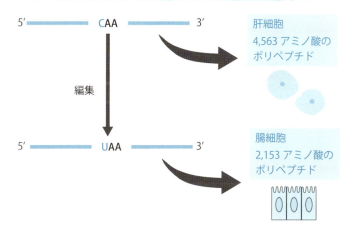

ヒトのアポリポタンパク質BのmRNAの編集

キノコ助手 ほへー！ やっぱり驚きましたあ！

博士 このRNA編集という現象は頻繁に起こるわけではない。しかし、転写後も遺伝情報を再編し、タンパク質構造に変化を与えることができるメカニズムをもっていることは、生物の多様性を広げるという意味で特筆に値するのぉ。

博士のつぶやき RNA編集ではC→Uの変化が多用されるのじゃ。これは、たとえばゲノム中のTT配列をTC配列にすることで、紫外線によるチミン二量体が形成され、突然変異が誘発されるのを防ぐために、RNA編集を取り入れたのかもしれんの。2-1に関連トピックがあるぞ。

3-6 遺伝暗号表は絶対ではない

キノコ助手　博士〜！　遺伝暗号表って不思議ですねえ。

博士　そうじゃの。

キノコ助手　どうして、AUGコドンはメチオニンを指定するコドンであると同時に、遺伝情報の開始を意味する開始コドンなのでしょう？　どうして、UAG、UGA、UAAの3つのコドンには対応するアミノ酸がなく、遺伝子の終わりを意味する終止コドンなんでしょう？

ユニバーサル遺伝暗号表とミトコンドリアにおける変則コドン

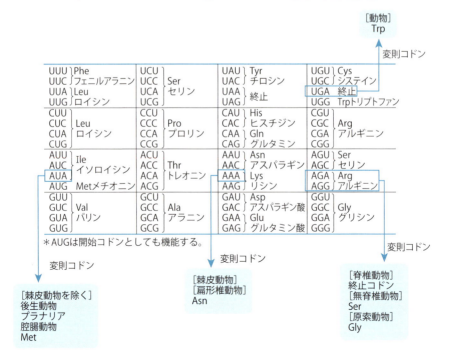

Part3 遺伝情報の発現と発生

博士 謎じゃな。

キノコ助手 博士、今日はいやにあっさりしていますね。じゃあ、どうして、遺伝暗号は、大腸菌などの細菌からヒトやイネなどの高等動植物まで共通なんですか？ ユニバーサルコドンっていうんですよね？ どうして、どうして〜？

博士 お、来たな！ 実は例外もあるのじゃぞ。1979年、バレルらは、ヒトのミトコンドリアゲノムにコードされているシトクロムオキシダーゼ・サブユニットⅡ遺伝子では通常、終止コドンを意味するUGAがトリプトファンを指定し、イソロイシンのコドンであるAUAがメチオニンを指定することを発見したのじゃ。遺伝暗号にも例外があるという発見じゃ！

キノコ助手 なんと、やっぱりここでも例外ですかあ！

博士 さらに1985年、キャロンとメイヤーは、下等真核生物の一部の原生動物で、終止コドンであるUAAとUAGがグルタミンを指定することを発見したのじゃ。

キノコ助手 なるほど〜！ それにしても、多くがユニバーサルコドンに則る（のっと）わけですよねえ。ユニバーサルコドンは、どうやって確立されたのかな。

博士 原核生物から真核生物まで共通ということは、生命の起源の初期の段階で決定されたのじゃなあ。

キノコ助手 それじゃ、ユニバーサルコドンだけでいいじゃないですかあ。非ユニバーサルコドンの存在意義って？

博士 そうわしを責めるな！ 謎なのじゃ！ わしにもわからん。トホホ…

博士のつぶやき シトクロムオキシダーゼはシトクロムcオキシダーゼともよぶ。ミトコンドリア内膜の呼吸鎖の一員である酵素で、いくつかのサブユニットに分かれている重要な酵素じゃな。なぜ、ミトコンドリアゲノムで変則遺伝暗号が使用されるのか、まだまだ謎じゃ。

3-7
再構成される遺伝子

キノコ助手 博士〜！　抗原抗体反応は、免疫の1つなんですよねえ？

博士 おお、そうじゃよ。生体が自己にとって不利益な物質を認識して排除する機構で、異物に対応する抗体である免疫グロブリンがその役目を担っておる。

キノコ助手 そこがわからないんです…。異物にはたくさんの種類がありますよね。多種類の抗原に対応する抗体免疫グロブリンはどのようにしてできるんですか？

博士 おっ、なかなかよい質問じゃ！　免疫グロブリンは、軽鎖と重鎖が結合したユニットが2つ結合した構造をしておる。

キノコ助手 模式図をみたことはあります。Y字型のやつですね。

博士 そうじゃ。免疫グロブリンは、リンパ球の1つであるB細胞でつくられるのじゃが、B細胞ではゲノム上の遺伝子が再構成されて、遺伝子の構造が多種多様となるため、そこから多種類のタンパク質がつくられる。

キノコ助手 …理解不能です。

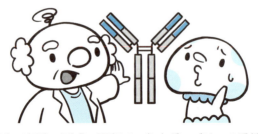

博士 たとえば、B細胞の形成の過程で、免疫グロブリンの重鎖遺伝子は、ゲノム上のV、D、J遺伝子断片の組合せから構成される。ヒトでは44個のV遺伝子断片、27個のD遺伝子断片、6個のJ遺伝子断片のなかから、それぞれ1つずつの遺伝子断片が選別され、それらをくっつけて免疫グロブリン重鎖遺伝子が再構成されるのじゃよ。

キノコ助手 なるほど、44個、27個、6個からそれぞれ1つずつ選ばれ、その掛け算の数だけ種類ができるんですね。でも、それだけじゃ7,000種類くらいしかできませんよね。

博士 確かにH鎖だけだとそうじゃ！ ところが、免疫グロブリンはH際とL鎖で構成されていて、L鎖もV遺伝子とJ遺伝子が再構成するのじゃよ。そのうえ、免疫グロブリン遺伝子では体細胞変異が起こりやすいために、遺伝子のパターンはいわば無限といっていいほどあり、約3,000億種類の抗体をつくることができるとされておる。

キノコ助手 そうやって、いろんな病原菌など異物に対応してくれているんですね、安心しました！

博士 この免疫グロブリン遺伝子の再編成メカニズムを解明したのは日本の利根川進 博士で、1987年にノーベル生理学・医学賞を受賞されたのじゃ！

免疫グロブリンH鎖の遺伝子構成

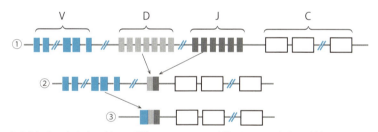

未分化細胞に存在する遺伝子（①）にはV、J、Cの断片がある。B細胞が成熟する過程で、D断片の1つとJ断片の1つを選んでつなぎ（②）、次にV断片の1つを選んでつないで免疫グロブリンH鎖の遺伝子構成となる。転写後、スプライシングの段階で1つのC断片が選ばれ、H鎖タンパク質が合成される。

博士のつぶやき 免疫グロブリンは、分子ごとにアミノ酸の配列が大きく違っている部分（可変領域）と、アミノ酸配列が同じ部分（定常領域）がつながった構造をしているのじゃ。このうち可変領域がさまざまな異物、つまり抗原を認識する機能と密接に関連しているのぉ。免疫グロブリンが認識するのは抗原の1部分の構造じゃが、この部分をエピトープとよぶのじゃ。抗原のエピトープを知ることは予防医学で重要じゃな。

3-8 遺伝子組換えに使われる「銃」

キノコ助手 博士〜！ 遺伝子組換え作物には外来の遺伝子が入っていますよね。外来遺伝子を宿主作物のゲノムに導入する方法にはいろいろありますねぇ。

博士 そのとおりじゃ！ 最も一般的な方法は、アグロバクテリウムという土壌微生物を利用する方法じゃな。この微生物は、植物に感染して自身のDNAを宿主の植物のゲノムに組み込み、植物細胞をがん化させてそこで繁殖するのじゃ。この微生物が感染した植物のゲノムDNAに自身のDNAを入れ込む能力を利用して、目的の外来遺伝子を導入する方法がアグロバクテリウム法という作物の形質転換法じゃ。

キノコ助手 この本に、形質転換法の1つに銃を使う方法があるって書いてありますが、本当ですかあ？

博士 おお！ パーティクルガンのことじゃな。そのとおり！ 銃で遺伝子を打ち込むのじゃ。

キノコ助手 そ、そんなむちゃくちゃなあ！ 銃でDNAを宿主細胞に打ち込むんですか？

博士 パーティクルガン法という方法はな、DNAでコーティングした金やタングステンなどの金属粒子を加速して、細胞内に打ち込む遺伝子導入方法なの

じゃ。この方法は1987年にサンフォードらによって開発された。当時はこの金属粒子の加速には本当に火薬が使われていて、まさに、ガン（銃）だったのじゃ。現在は火薬による打ち込みではなく、高圧のヘリウムガスなどを用いて加速させる方法が一般的じゃ。いわゆる空気銃じゃな。

最初に開発されたパーティクルガンの模式図

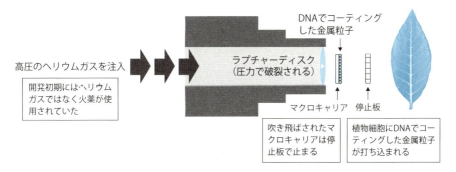

キノコ助手 そ、そうなんですか！　そもそも、細胞に入った金属粒子にコーティングされたDNAが核内のゲノムDNAに取り込まれるんですか？

博士 おお、そこが不思議じゃのお！　細胞内に入ったDNAには、なぜかはわからんが、核内のゲノムDNAに取り込まれるしくみが備わっておるのじゃ。パーティクルガン法は、そのしくみをうまく利用した簡単な形質転換法ということじゃな。

キノコ助手 DNAがそんなに簡単にゲノムに取り込まれるなんて、なんだか怖いです。

博士 そうじゃのぉ。いずれにしても、パーティクルガン法が開発されたことにより、これまで形質転換ができなかった多くの植物や藻類での形質転換が可能となったのじゃよ。研究の幅が広がったということじゃの。

従来のアグロバクテリウム法やパーティクルガン法は、カルスの培養やそこからの再分化植物を作成する必要があったのじゃ。最近、茎の先端の茎頂分裂組織に直接DNAを導入し、そこから分化する茎から種子を採種する簡便な形質転換法が開発されたぞ。in planta形質転換法とよぶ方法じゃ！

Part 4 生物の環境応答

 イントロダクション

　生物を取り巻く環境要因は、温度、湿度・水、太陽光・紫外線、空気・風、そしてほかの動植物など、さまざまじゃ。動物も植物も微生物ですら、これらの環境刺激を受容して反応するしくみをもっておる。だからこそ、環境に順応して生存できるといえる。動物の場合は、外界刺激を受容し神経系を介して反応するしくみが発達しておる。動物の行動は、神経系の情報の流れと関連づけられる。ホルモンも重要じゃ。植物は動物のように動き回ることができないから、より敏感に環境刺激を受容し反応するしくみをもっておる。ここだけの話じゃが、植物は環境応答のために必要な遺伝子を動物よりたくさんもっているし、ホルモンもある。

　このPart4は、いろいろな話題が満載じゃ。免疫やホルモン作用は動物と植物で共通点や相違点があって、"はみだし生物"学的に面白いぞぉ。それから、一般には知られていない昆虫について、目から鱗じゃろな。

 該当する教科書の項目

中学「第二分野」▶動物の体のつくりと働き、植物の体のつくりと働き
高校「生物基礎」▶ヒトの体の調節
高校「生物」▶生物の環境応答

4-1 体温を自在に変える動物

キノコ助手 博士〜！ 私たちヒトなど哺乳類や鳥類は恒温動物ですよね。恒温動物には、どうして体温があるんでしょう？

博士 恒温動物の体温は、周囲の温度と体内でつくられる熱エネルギーがもとになっておる。細胞での化学物質の分解によって熱が発生し、その熱によって温められた血液などの体液を介して全身に循環することで体温が維持されるのじゃよ。

キノコ助手 体温が一定に保たれているのはどうしてですかあ？

博士 恒温動物では、体温は環境の温度変化に左右されることなく、自律神経系

さまざまな恒温動物の体温（直腸体温）

	恒温動物	体温（℃）
鳥 類	ヨーロッパアマツバメ	44.0
	カモ	40.5〜42.5
	ハシボソカラス	42.0
	ニワトリ	41.5
	スズメ	41.4
	キングペンギン	37.7
	ダチョウ	37.4
哺乳類	ヤギ	40.0
	ウサギ	39.2〜39.6
	イヌ	38.3〜39.0
	ウシ	38.5
	ラット	38.1
	ウマ	37.6〜37.8
	ヒト	36.2〜37.8
	ハリネズミ（覚醒時）	35.0
	ハリネズミ（冬眠時）	6.0
	ハリモグラ	32.0
	コウモリ	31.0

R. Flindt 著、『数値でみる生物学』、浜本哲郎 訳、丸善出版（2007）、55ページ、表1.4.2より作成。

とホルモンの働きによって、ほぼ一定に保たれておるんじゃ。

キノコ助手 恒温動物の体温はいろんな動物で同じくらいなのかな？

博士 おお！　よいところに気づいたのぉ！　体温は動物によってさまざまじゃ。鳥類では、37〜44℃と体温が高く保たれている。哺乳類では、ハリモグラやコウモリで31〜32℃と低いが、ほかの多くの哺乳類では37℃後半〜40℃じゃ。ヒトの体温は36〜37℃に保たれているが、運動や気温、食事、睡眠、性周期など、体や環境の変化によって変動する。また、体温は24時間周期の日周リズムがあり、朝・昼・夜で変化する。早朝が最も低く、しだいに上がって夕方に最も高くなることも知られておる。

キノコ助手 恒温動物の体温も変動するんですね！

博士 体温は環境や成長の変化に応じて大きく変化することがある。その最たる例は冬眠動物じゃろうな。ハリネズミやシマリスなど、正常時では35〜37℃の体温は、冬眠時には6〜7℃に低下するのじゃ。ヒトでは正常時から2〜3℃下がっただけで体の働きに異常をきたすが、冬眠動物では30℃近く体温が低下しても障害は起こらないのじゃ。

キノコ助手 どうしてそんなことができるんですか？

博士 冬眠を調節する物質として、冬眠特異的タンパク質がみつかっておる。このタンパク質は、肝臓でつくられたあとに脳内に運ばれて活性化し、冬眠を誘導する働きをもっているのじゃ。また、極域で生息している魚は氷点下でも体液が凍らない。海水魚の体液の氷点は−0.6〜−0.8℃で、海水の氷点−1.8℃に近い海水中では凍ってしまうが、体液を過冷却状態にするか、不凍糖タンパク質を合成して氷点を下げて凍結しないようにしているのじゃ。

キノコ助手 動物の体温調節のしくみはすごいですね！

博士のつぶやき SF映画なんかにでてくる、ヒトが宇宙船のなかで冬眠して、長時間かけて超長距離を宇宙旅行するという夢が実現すれば、すばらしいのぉ！

4-2 血糖値は動物によっていろいろ

キノコ助手 博士〜! 食事をすると血糖値が上昇するのですよねえ!

博士 そうじゃ! 血糖値、つまり血液中のグルコース濃度は、複数の情報伝達系によって調節されていて、一定の量のグルコースが体の細胞に供給されるようになっておる。そのしくみに異常をきたした病気が糖尿病じゃな。

キノコ助手 すると、ヒト以外の動物でも血糖値というのがあるんですね。

博士 当然そうじゃよ。おもしろいことに、動物の種類によって血糖値はいろいろ違っているのじゃ。

さまざまな脊椎動物の血糖値

脊椎動物		血糖値（mg/dL）
魚類	アンコウ	5〜25
	シビレエイ	13〜77
	トラザメ	27〜39
両生類	カエル（Rana）	30〜75
爬虫類	カメ（Emys）	58〜99
	アメリカワニ	59〜97
鳥類	ニワトリ	130〜260
	カモ	148
	ダチョウ	164
	カナリア	236
	スズメ	288
	ヨーロッパアマツバメ	305
	クロジョウビタキ	347
哺乳類	ヒツジ	30〜50
	ウシ	40〜70
	ウマ	55〜95
	イヌ	60〜90
	ヒト	60〜100
	ラット	92〜106
	ウサギ	97〜109

R. Flindt 著、『数値でみる生物学』、浜本哲郎 訳、丸善出版 (2007)、79ページ、表1.7.10より作成。

Part4 生物の環境応答

キノコ助手 ほへー! どうしてかなあ?

博士 血糖値は、正常なヒトでは60〜100 mg/dLじゃが、魚類では数十 mg/dLと低く、鳥類では逆に130〜350 mg/dLと高血糖状態を維持しておる。多くの哺乳類ではヒトと同程度じゃ。血糖値を動物間で比較すると、一般にその動物の代謝速度と正の相関があるといわれておる。

キノコ助手 つまり、空中を飛び回る鳥類ではエネルギー代謝量が高いから血糖値も高いんですね!

博士 そうじゃ。動物の生理状態によっても血糖値は変化するぞ。ストレスがかかると、視床下部の副腎皮質刺激ホルモン放出ホルモンを分泌する神経細胞が興奮し、下垂体前葉から副腎皮質刺激ホルモンが分泌され、糖質コルチコイドの分泌が促進されて血糖値が上昇する。ストレス状態つまり危険から身を守るために必要なエネルギー源を体に供給するためじゃの。

キノコ助手 血糖値調節って大切なんですね!

博士 アメリカアカガエルという両生類では冬眠にも関与しているぞ。

キノコ助手 へー!

博士 アメリカアカガエルは、北アメリカの極寒の地で体を凍らせるように冬眠するカエルじゃ。氷点下16℃でも耐えることができる。なぜかというと、冬眠時に体が完全に凍らないように血糖値を上げ

ているのじゃ。皮下の氷結がはじまると、肝臓の酵素がグリコーゲンを分解して数分以内に血糖値が上昇し、通常の血糖値の約45倍にもなるという。このように、血糖値は常に一定の濃度に保たれているのではなく、その動物の代謝や生理状態に応じて変化するんじゃ。不思議なものじゃな。

博士のつぶやき 両生類や爬虫類の血糖値を知っておるか? 前ページの表にあるように、両生類のカエルは30〜75 mg/dL、また、爬虫類のカメやワニは58〜99 mg/dL程度で、魚類よりもかなり高くなっておる。

4-3
カエルは腹から水を飲む

キノコ助手 博士～！ 一生懸命に実験室を掃除していたら、のどが渇きましたぁ！

博士 それはご苦労さんじゃな。感心感心。

キノコ助手 それにしても、どうして動物は水を飲むんでしょう？

博士 ひとことでいうと、体液の浸透圧を調節するためじゃの。ウニなどの海産無脊椎動物は、体液と海水の浸透圧がほぼ等しいため、水を飲む必要はないのじゃ。

キノコ助手 魚はどうですか？

博士 水は、体表を通して体の内あるいは外に移動するじゃろ。ふつうの魚である硬骨魚は水を飲むが、その量は海水魚と淡水魚で大きく異なっておる。海水魚は浸透圧の高い海水にいるから絶えず脱水されており、海水をたくさん飲むのじゃ。一方、淡水魚は水が体に入ってくるため、ほとんど水を飲まない。また、サメなどの軟骨類は海水中でもほとんど水を飲まない。軟骨類では体内に尿素を蓄積して体液の浸透圧を海水より少し高くしておって、その浸透圧の差によって体外から体内に自動的に水だけが移動するからなのじゃ。

キノコ助手 陸上動物はどうかなあ？ そういえば、実験室でカエルを飼ってい

Part4 生物の環境応答

ますが、水を飲むところはみたことがないです。

博士 動物は海から陸へとその生息域を拡大していったが、その最大のリスクは乾燥じゃった。水分を体に保持するしくみを発達させることによって、陸上への移動が可能になったのじゃ。カエルなど両生類は淡水と陸上の両方で生きていけるが、水は飲まないとされておる。

キノコ助手 ほへー！　でも、カエルは陸上にいるのもよくみます。湿ったところが多いような気がします。

博士 カエルはの、口から水を飲むかわりに、腹から水を吸収しておるのじゃ。

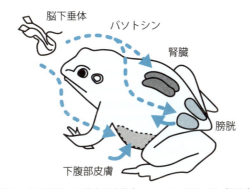

カエルが腹から水を吸収するしくみ

長谷川敬典、田中滋康、比較内分泌学会ニュース、**118**、34（2005）、図1　カエルの水バランスとアクアポリンより改変。

キノコ助手 えええ！

博士 カエルの皮膚にはアクアポリンとよばれる"水チャンネル"が分布しており、チャンネルを通って水を取り入れるのじゃよ。腹から水じゃ。

キノコ助手 便利なような便利でないような…。カエルはじ〜っとしてるけど、ちゃんと理由があるのですねえ！

博士のつぶやき　ラクダは、コブに蓄えられた脂肪の代謝によって十分な量の代謝水を得ておる。砂漠に生息する動物では、さまざまな水分の体外喪失を減らすメカニズムが発達しておる。

4-4
痛すぎると痛くなくなるしくみ

キノコ助手 博士〜！ 昨日、スパイ映画をみたんですけど、スパイってすごいですね！ 痛みを自分でコントロールできて、痛くなくなるそうなんです。

博士 おお！ 痛みの本質じゃの。

キノコ助手 そもそも痛みってなんですか？ どうして痛いんでしょう？

博士 生存を脅(おびや)かすような刺激に対する生体の反応じゃ。痛み刺激が来ると、意識しなくても屈曲反射というしくみでその刺激から逃避することができるのじゃ。先天的に痛み刺激の受容器がないために、この反射が働かない子どもではたいへんな傷を負って早死にすることが多いのじゃ。

キノコ助手 痛みは危険な刺激から反射的に逃げるために必要なんですね。

博士 そのとおりじゃ！ その痛み刺激が生体内の鎮痛系を活性化させて痛みを抑制するしくみが知られておる。その発見のきっかけになったのが中国の鍼(はり)麻酔じゃな。

キノコ助手 鍼灸(しんきゅう)治療の鍼ですね。

博士 鍼麻酔による外科手術の成功例は世界中を驚かせたが、その後の研究の結果、鍼刺激によって脳内に強力な鎮痛薬のモルヒネと同じ作用をもつ物質がつくられ、痛み信号が脳に伝わるのを遮断することがわかったのじゃ。さらに驚

鍼通電刺激による鎮痛のしくみ

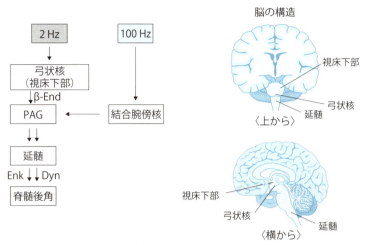

2ヘルツと100ヘルツの鍼通電刺激によって脊髄で鎮痛作用が生じるしくみ。β-End（ベータエンドルフィン）、Enk（エンケファリン）、Dyn（ダイノルフィン）は脳内モルヒネ様物質。PAG（中脳水道周囲灰白質）は、痛みの神経伝達を行う中枢。

いたのが、電気パルスを使った鍼通電刺激で刺激頻度を変えると、放出されるモルヒネ様物質の種類も異なることがわかったのじゃ。

キノコ助手 ほへ〜！　スパイはこのあたりを自分でコントロールする訓練を受けてるんですね！

博士 わしはスパイの世界のことは知らんがの。まあ、そういうことじゃろ。脳内の鎮痛機構の存在は、ヒトの中脳や脳幹の特定部位への電気刺激やモルヒネの微量注入でも確認されておる。脳内鎮痛系を活性化させると痛みが消えることがわかったが、それは鍼灸刺激にかぎらず世界中の伝統医療でもみられるので、その生体反応は生体防御反応の1つと考えられておるんじゃ。

キノコ助手 スパイじゃなくても痛みを消すことができるんですね！

博士のつぶやき　低頻度刺激（2 Hz）ではβエンドルフィンやエンケファリン、高頻度刺激（100 Hz）ではダイノルフィンが放出されて鎮痛をもたらすが、刺激頻度により脳内で関与する部位も異なっているのじゃ。

4-5 笑いと免疫力

キノコ助手 博士〜！ このマンガ、おもしろすぎて、笑いが止まりましぇん〜！

博士 おお！ それはめでたい。キノコさんの免疫力はどんどん上がっておるのぉ。

キノコ助手 免疫に笑いが関係しているのですか！？

博士 おおいに関係があるぞ。免疫系のなかの自然免疫で活躍するリンパ球にナチュラルキラー（NK）細胞があるが、笑うとこのNK細胞の活性が上がるのじゃ。不思議じゃろ。

キノコ助手 キラー細胞って悪役みたいな名前ですけど、いい者なんですね！

博士 ハッハッハ！ 確かにNK細胞は「生まれついての殺し屋」という名前じゃが、実はな、この細胞はわれわれが知らないうちに、病原体に感染した細胞や毎日数千個も生まれているがん細胞を黙々と殺してくれる大切な存在なのじゃ。このNK細胞を活性化させることは、病気の予防や治療に役立つのじゃよ。

キノコ助手 NK細胞は必殺仕事人でしたか。笑うと何がどうなるんでしょう？

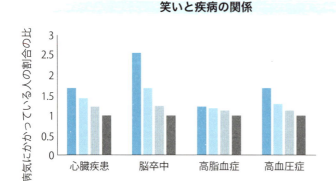

笑いと疾病の関係

K. Hayashi et al., *J.Epidemi.*, **26**(10), 546(2016)より作成。

Part4　生物の環境応答

博士　その詳しいしくみはわかっておらんが、おもしろいテレビをみたときに笑いが大きいほどNK細胞の活性が高くなることや、笑ったときに唾液の免疫グロブリンが増えることもわかっておるぞ。また、NK細胞以外にも免疫に関連したいろいろなT細胞が増えて自然治癒力が高まると考えられておるのじゃ。

キノコ助手　へ〜！

博士　ほかにも、大笑いをすると呼吸が活発になって気分が爽快になることや、横隔膜の働きでリンパ液の流れが増大するのも役に立っておる。

キノコ助手　やっぱり笑えば笑うほど、いいんですね。

博士　そのとおりじゃ。笑うといろんな病気の症状が改善するのじゃ。たった1時間の落語を聞かせただけで、リウマチ患者の炎症性サイトカインが劇的に減ることがわかり、笑いの威力の大きさに医者もビックリしているんじゃよ。

キノコ助手　サイトカインって、何かいん？

博士　サイトカインとは、細胞から分泌される低分子タンパク質で、さまざまな生理活性を引き起こすものの総称じゃよ。炎症性サイトカインは、局所的は炎症反応の原因となり、多すぎるとダメなのじゃ。

キノコ助手　ほへー！　笑うといいんですね！　まさに、「笑う門には福来たる」ということわざとおりですね。

博士のつぶやき　免疫は、病原体の侵入に対する生体防御のしくみじゃが、その働きはさまざまな要因に影響されておる。その1つがストレスとよばれている心身に生じるゆがみじゃ。身体に加えられた寒冷暴露、拘束などの物理的刺激、さまざまな心理的要因が免疫活動を低下させ、病気にかかりやすくなることが知られておる。

4-6 植物にも備わっている免疫のしくみ

キノコ助手 博士〜！ 免疫システムって動物だけに備わっているものですよね？ まさか、植物にも免疫があるなんていわないでくださいね！

博士 ところが、植物にも免疫システムはあるのじゃ。ヒトや動物と同様に、植物も多くの病原体に曝されておる。病原体には、線虫、ヨコバエなどの昆虫、ウイルス、ファイトプラズマ、細菌、カビなどの微生物、寄生植物などがあるのじゃ。

キノコ助手 そうですよね、植物も病気になりますよね。だから身を守る必要があるんですね。

博士 そのとおり！ 植物もやられてばかりではないぞ。植物には病原体に対する抵抗性をもつものもおる。抵抗性には、植物が常時もつものと病原体による感染を受けたあとに誘導されるものとがある。植物がもともと備えている抵抗性を静的抵抗性といい、これは細胞壁の厚さや硬さ、先在性の抗菌物質の蓄積なんかじゃ。

キノコ助手 なるほど、植物も頑張っているんですね。

博士 そして、病原体の攻撃にともなって新しく誘導されるものを動的抵抗性あるいは誘導抵抗性という。いわば、免疫じゃの。

Part4　生物の環境応答

キノコ助手　なるほど～、植物にも免疫システムがあるのですね。

博士　動的抵抗性は、病原体の感染行動の開始後に植物が活性化させる抵抗性で、構造的抵抗性反応と化学的抵抗性反応の2種類に分けられるのじゃ。構造的抵抗性反応はリグニン化による細胞壁の強化などじゃ。

キノコ助手　防御のための防波堤ですね。

博士　そうじゃ！　化学的抵抗性反応では、抗菌物質であるファイトアレキシンと抗菌タンパク質であるPRタンパク質の生産や蓄積がある。「過敏感反応」を知っておるか？

キノコ助手　病原体に対して、敏感に反応し過ぎる現象ですね。

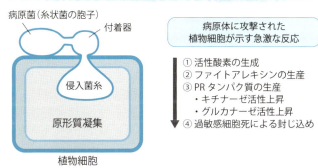

活性酸素の生成、PRタンパク質の生産、ファイトアレキシンの生産、キチナーゼ活性の上昇、グルカナーゼ活性の上昇、感染細胞におけるプログラム細胞死（過敏感細胞死）などが起こる。

博士　病原体に攻撃された植物細胞が示す急激な反応のことじゃ。植物細胞はこの急激な反応時に、活性酸素の生成、PRタンパク質の生産、ファイトアレキシンの生産、感染細胞におけるプログラム細胞死とよばれる自発的な細胞死を起こす。結果として病原体は褐変死した細胞中に封じ込められ、それ以上の感染行動がとれなくなるのじゃ。

博士のつぶやき　病原体の攻撃によって植物中で新たに生合成される低分子の抗菌物質をファイトアレキシンという。感染特異的（pathogenesis-related；PR）タンパク質には、塩基性あるいは酸性のキチナーゼやグルカナーゼ、酸性パーオキシダーゼ、オスモチン、タウマチン、プロテインインヒビター、ディフェンシンなどが含まれるのじゃ。

4-7
赤、青、オレンジのカラフルな昆虫の体液、血リンパ

キノコ助手 博士～！　チョウの幼虫を解剖してるんですが、血管も血もみつからないんです…。

博士 解剖とは熱心じゃのぉ。昆虫は血管の代わりに、背中に背脈管とよばれる心臓と大動脈に相当する器官をもつんじゃよ。ヒトの体液は、血管内の血液と血管外のリンパ液

と組織液に分けられるが、血管がない昆虫では、これら3つをまとめて血リンパとよぶのじゃ。もちろん、昆虫にも血球は存在しておるぞ～。

キノコ助手 ヒトの赤血球は酸素を運搬しますよね。昆虫でも同じですかぁ？

博士 NO！NO！　昆虫は気管とよばれる管を体内に張りめぐらせ、気門から気管へと取り込まれた酸素は、拡散によって体内の各所に届けられているのじゃ。つまり、気管を手に入れた昆虫は、長い進化の過程で酸素運搬機能をもつ血球を失ったと考えられているんじゃよ。代わりに、昆虫の血球は、いわゆる白血球に相当するんじゃ！　つまり、体内に入ってきた異物を貪食したり、包囲したりして撃退しているんじゃ。

キノコ助手 ヒトの血液は、酸素とヘモグロビンが結合すると鮮やかな赤色になるんですよね。

博士 YES！

キノコ助手 博士！　今日は英語がさえてますね。ところで、チョウの血液…じゃなく、血リンパの色は赤くありません！

博士 さよう。キャベツを食べるモンシロチョウの血リンパの色は緑色、でも、ヨモギを食べるヒメアカタテハでは黄色じゃ。毒草のウマノスズクサを食べる

Part4 生物の環境応答

ジャコウアゲハはなんと、オレンジ色なんじゃよ。ナミアゲハの小さい幼虫は鳥の糞に似ていて、大きくなると緑色に変身するじゃろ。緑色の大きな幼虫の血リンパは緑色だが、小さい幼虫では黄色じゃ。つまり、成長にともなって血リンパの色を変化させているのじゃ。

チョウの幼虫によって血リンパの色は異なる

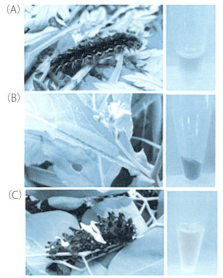

(A) ヒメアカタテハ幼虫の血リンパは黄色、(B) モンシロチョウ幼虫の血リンパは緑色、(C) ジャコウアゲハ幼虫の血リンパはオレンジ色をしている。

カラーの写真は化学同人HPでCheck it out！

キノコ助手 それって、カモフラージュですかあ？

博士 では、黄色に何色を足すと緑色になるかのう？ …そう、青色じゃ。実は、黄色い血リンパはカロテノイド色素に由来するが、そこに青色のビリン色素とタンパク質の複合体が加わって緑色の血リンパになるのじゃ！ 絵の具の色づくりみたいじゃろう。これも昆虫の擬態を支える巧妙なしくみの１つなんじゃ。

博士のつぶやき

一般に、多くの昆虫の血球は、形や機能などによって、原白血球、顆粒細胞、プラズマ細胞、エノシトイド、小球細胞などに分類される。しかし、モデル生物であるキイロショウジョウバエのプラズマ細胞、ラメロサイト、クリスタル細胞とよばれる血球は、ほかの昆虫の顆粒細胞、プラズマ細胞、エノシトイドに相当するので、要注意じゃの。

4-8 ホルモンに支配される昆虫

キノコ助手 博士〜！ 昆虫にもホルモンってあるんですか？

博士 なぬ？ 虫にホルモンがあるかって？ あるからこそ、昆虫は姿かたちを変えることができるのじゃぞ！

キノコ助手 ほへ〜！

博士 たとえば、チョウでは、卵から孵化した幼虫が、数回脱皮して蛹に変態し、その後、成虫になるじゃろ。これは全部、ホルモンの働きによって調節されておる。エクジステロイドと幼若ホルモンがそれじゃ。

キノコ助手 幼若ホルモンって、変な名前ですね。若返りホルモンみたい。

博士 ハッハッハッ！ そうじゃのう。幼虫の体内で、これら2つのホルモンが共存すると、幼虫から幼虫への脱皮が起こるのじゃ。幼若ホルモンが分泌されず、エクジステロイドだけが分泌されると、幼虫から蛹へ、蛹から成虫への変態が誘導されるのじゃよ。

キノコ助手 ほかにもホルモンってあるんですか？

博士 もちろんじゃ。季節によって翅の色彩を変化させるチョウがいるのを知っておるかの？ キタテハというチョウの翅は、夏は黄色に、秋は茶褐色に変化するのじゃが、脳でつくられる夏型ホルモンが、蛹期に体内に分泌されると、翅が黄色くなるのじゃ。

キノコ助手 な、なんと！

博士 ほかに、ナミアゲハの蛹の体色には緑色と褐色があるが、蛹になってすぐに、脳─神経系から蛹表皮褐色化ホルモンが分泌されると褐色の蛹に、分泌されないと緑色の蛹になるのじゃよ。外敵から身を守る忍者じゃ。自分の体の色彩を周りの環境に応じて変化させるホルモンをもっているとは、実に、すばら

キタテハの成虫（A）とナミアゲハの蛹（B）の色彩変化

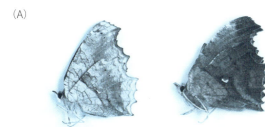

長日・高温条件を経験したキタテハ幼虫は蛹の初期に夏型ホルモンを分泌し、黄色の翅をもつ夏型成虫となる（A左）。一方、短日・低温条件を経験した幼虫は、蛹の初期に夏型ホルモンを分泌しないため、茶褐色の翅をもつ秋型成虫となる（A右）。ナミアゲハは蛹になる前の時期に、蛹になる場所の性状や周囲の匂いなどの情報を感受し、蛹になる場所の表面がザラザラしていると、蛹化後に蛹表皮褐色化ホルモンを分泌し、褐色の蛹へと変態する（B左）。一方、蛹になる場所の表面がツルツルしていると、このホルモンは分泌されず、緑色の蛹となる（B右）。

カラーの写真は化学同人HPでCheck it out！

しいのう〜。

キノコ助手 昆虫の華麗なる変身の秘薬は、ホルモンだったんですね。昆虫のホルモンは哺乳類のホルモンとは違うんですかあ？

博士 ほう！ 実は、インスリンはヒトの血糖値を下げるホルモンとして有名じゃが、これとよく似たホルモンがカイコガから発見されておる。ボンビキシン（カイコガインスリン様ペプチド）とよばれるホルモンなんじゃが、驚いたことに、昆虫の血糖であるトレハロースの血中濃度を減少させる働きがある。ある意味、昆虫の血糖値を下げているようなものじゃ。

キノコ助手 ほへ〜！ 進化って不思議だなあ！

博士のつぶやき 昆虫ホルモンの分泌器官はどこか知っておるか？ エクジステロイドは胸部にある前胸腺から、幼若ホルモンは頭部の脳のすぐ後方にあるアラタ体から分泌されるのじゃ。

4-9
植物ホルモン"オーキシン"の極性移動の不思議

キノコ助手 博士〜！　ホルモンは動物だけかと思ったら、植物にもあるんですね？

博士 そのとおりじゃ、オーキシンやジベレリンなどじゃな。

キノコ助手 動物のホルモンと植物のホルモンは異なるんですね？

博士 当然そうじゃ、違う化学物質じゃよ。動物のホルモンは、体内の特定の場所でつくられて、それが血液やそのほかの体液中に分泌されてほかの場所に運ばれ、そこに存在する特定の組織や細胞に働きかけて変化を与える化学物質と定義されるんじゃ。

キノコ助手 ホルモンのつくられる場所として、すい臓のランゲルハンス島とかありますよね。

博士 そうじゃ。つまり動物では、ホルモンは合成される器官である内分泌腺と、それらが作用する標的器官や標的組織が限定されているのじゃ。ところが、植物のホルモンは、植物のどの細胞でも合成され、また一般的には特定の標的器官は存在せず、どのような組織や器官に対しても作用することができるのじゃ。

キノコ助手 へえ〜！　じゃ、植物のホルモンは移動しないんですか？

博士 いや、たとえば、オーキシンは細胞間を移動することが知られておる。オー

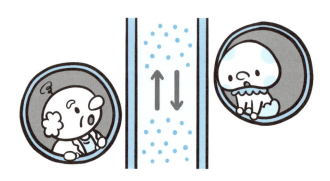

キシンは茎では茎頂端側から根側つまり基部側に向かって、根ではいったん維管束を通って根端まで運ばれたオーキシンは茎の方向に皮層細胞を移動するのじゃ。これはオーキシン極性移動とよばれておる。

キノコ助手 どうやって極性移動するのですかぁ？

博士 オーキシンの極性移動には、茎細胞などでは細胞膜基底部に存在するPINタンパク質が重要な役割を果たしておる。PINタンパク質が細胞間のオーキシンの輸送の役割を担っているのじゃ。

黄化エンドウ芽生え上胚軸（茎）の維管束近傍（維管束鞘細胞、皮層細胞）の縦断切片にみられるPINタンパク質の局在（緑色）

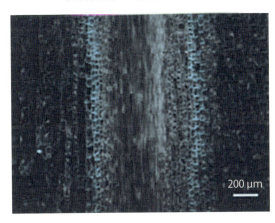

200 μm

PINタンパク質は細胞の下側（根側）に局在し、オーキシンを下方に送る。

カラーの写真は化学同人HPでCheck it out！

キノコ助手 動物とは違って、植物には血管系やリンパ系がないからホルモンを移動させることが難しいんですね。

博士 しかし、植物には維管束の師部があって、根の先端から茎の先端、葉の隅々までつながっておるぞ。実際、花をつくる指令をだす花成ホルモンは、葉でつくられ、師管を通って、茎頂に運ばれるのじゃ。

博士のつぶやき 100年ほど昔から、植物の花をつくらせる物質が葉で合成され、茎の先端に移動することが想定されておった。つまり、花成ホルモンじゃ！1999年にそれがFT（FLOWERING LOCUS T）とよばれるタンパク質であることが解明されたのじゃ。

4-10
食べて花粉症を治すスギ花粉症米

キノコ助手 博士〜！ ぐしゅんぐしゅん！ 花粉症で目が痒いし、鼻水はでるし、もー、たいへんなんです。

博士 おお！ つらそうじゃな。

キノコ助手 どうして花粉症になるんですか？ ハックション！

博士 花粉症のアレルギー症状は、ヒスタミンという物質によって引き起こされるのじゃ。アレルギーを起こす抗原をアレルゲンといい、たとえばスギ花粉症ではスギ花粉がアレルゲンとなるんじゃ。花粉が鼻の粘膜に付着すると、花粉からタンパク質が流れでるが、このタンパク質は異物だから、それに対してB細胞が抗体を産生するのじゃ。花粉タンパク質に対する抗体が、粘膜上皮の近くにあるマスト細胞とよばれる特殊な細胞につくと、マスト細胞からヒスタミンが放出されるのじゃ。ヒスタミンは、上皮細胞や毛細血管に作用して炎症反応を引き起こし、鼻水、くしゃみ、目のかゆみなどの症状がでるというわけじゃよ。

キノコ助手 治療法はないんですかあ？ チーン！

博士 そうじゃのぉ、アレルギーの治療では、ヒスタミンなどの化学伝達物質の作用や合成・放出、免疫を抑える薬を使うことが一般的じゃの。

キノコ助手 根本的に治せないんですかあ？

博士 持続的な治療・予防法の1つに、アレルゲンを利用した減感作療法があるのぉ。減感作療法とは、週に2～3回薄い濃度のアレルゲンを注射して、次第に濃度を濃くしながら2～3年続ける方法じゃ。しかし減感作療法では、まれにアナフィラキシーショックといった重い副反応が生じることがあるのじゃ。しかも、困ったことに治療が長期間に及ぶため、利用する人はかぎられるの。

キノコ助手 そうなんですかあ…ハックション！

博士 そんなにがっかりすることはないぞ。近年、スギ花粉症を治療するために遺伝子を組み換えたコメの研究が行われているのじゃ。T細胞受容体が認識するアレルゲン由来の抗原の一部、これをT細胞エピトープというのじゃが、これの経口による投与で、アレルギー反応が軽減することが知られておる。そこで、スギ花粉アレルゲンに対するT細胞エピトープをつくりだすイネを開発すれば、経口免疫寛容現象を利用して、「コメを食べてスギ花粉症を治療する」ことが可能となるのじゃ。

キノコ助手 ほへ～！ やっぱり、遺伝子組換え技術はすごいですね。

7連結ペプチド遺伝子を集積する遺伝子組換えイネの開発

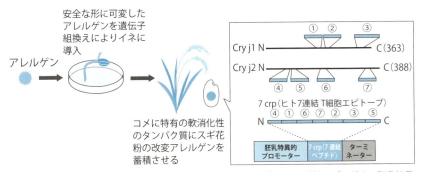

Cry j 1から3か所、Cry j 2から4か所のT細胞エピトープを連結した7連結ペプチドを、胚乳特異的プロモーターと転写終結にかかわるターミネーターを用いてイネの胚乳中に蓄積させた。

博士のつぶやき アナフィラキシーショックとは、外来抗原に対する過剰な免疫応答が原因で、血小板凝固因子が全身に放出されて、毛細管拡張を引き起こして陥る重篤な症状じゃ。

4-11 乾燥に耐えられる最強植物

キノコ助手 博士〜！ ニュースをみたんですが、近年の地球規模での異常気象のせいで、農作地が干ばつや冷害、洪水などの被害を受けて、作物の収量が大きく減ってしまってるんですね。

博士 そうなんじゃよ。その一方で、20世紀からの爆発的な人口増加による食料不足のために作物収量を増産せよとの要求が急速に高まっておる。この問題を克服する方策の1つとして期待されているのが、過酷な環境に対して耐性を示す有用作物の開発じゃな。

キノコ助手 そんな作物が本当に開発できるんですか！？

博士 いわゆる遺伝子組換え技術を用いると、可能なのじゃ。植物の環境ストレスに対する応答は、おもに植物ホルモンのアブシジン酸（ABA）により制御されておる。ABAは、乾燥などのストレスがかかると合成量が増加して、さまざまなストレス応答を誘導する。たとえば、いろいろな遺伝子の発現を誘導して乾燥に対する耐性能力を増加させるとかな。

キノコ助手 ABAの作用機構を明らかにすればいいんですね。

博士 キノコさんもわかってきたのぉ！ 乾燥や塩、高温・低温などの多様な環境ストレス応答に働き、ABAによって制御される転写因子として、DREB（ドレブ）が単離された。DREBにはDREB1とDREB2があって、DREB1は植物の低温スト

活性型DREB2Aを導入したシロイヌナズナの乾燥ストレス耐性

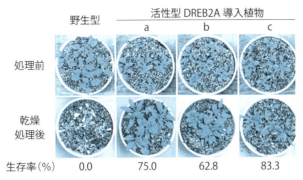

国際農林水産業研究成果情報、「活性型に変換した転写因子の遺伝子DREB2Aを用いた乾燥・高温ストレス耐性植物の作出技術の開発」(2006)〈https://www.jircas.go.jp/ja/publication/research_results/2006_04〉より。

レス耐性に働く遺伝子群の転写を活性化するのじゃ。DREB1遺伝子をストレス誘導性のプロモーターに連結して植物に導入すると、その遺伝子組換え植物は低温耐性のみならず、なんと乾燥・塩ストレス耐性も示したのじゃ。

キノコ助手　それじゃあ、DREB2は何をするんですか？

博士　DREB2は乾燥、塩、高温ストレス耐性機構で働く転写因子で、植物の多くのストレス耐性遺伝子の転写を活性化しておる。しかし、この遺伝子を単に植物中で高発現させてもなんの変化も起こらんかった。実は、DREB2タンパク質には非活性化領域があって、ストレスがないときはこの領域がDREB2の働きを抑えていることが、その後の研究で明らかになったのじゃよ。そこで、この知識を逆手にとって、非活性化領域だけを取り除いたDREB2遺伝子を植物に導入したところ、乾燥や塩、高温ストレスに対して高い耐性を示すようになったのじゃ。

キノコ助手　ほへー！　植物がもつ環境ストレス耐性の制御機構の解明がさらに進めば、乾燥地域などの厳しい環境でも生育可能な植物が開発されることが期待されるんですね、すばらしい！

博士のつぶやき　遺伝子のプロモーター領域に結合し、その遺伝子の転写を制御するタンパク質を転写因子といってな、非常に多数の種類が知られておる。とくに植物ゲノムに多いのお！

Part 5 生態と環境

 イントロダクション

　多様な生物が生存する環境全体を生態系という。生態系を考えるうえで、個体群と生物群集の概念は重要じゃ。同一種内の生物個体間の関係性によって、その種の個体群は維持されたり変化していったりする。社会性のある動物ではより複雑じゃ。生物群集とは捕食と被食とかの異なる種の個体群間の関係のことじゃ。生物群集はさまざまな個体群からなり、それぞれが特定の生態的地位（ニッチ）を占め、複雑に個体群間で相互作用しておる。生態系では、そこでの物質生産と物質循環、エネルギー移動をよーくみてみよう。とくに、有機物の合成、分解、移動にともなうエネルギーの流れに着目するのじゃ。これらを学び、自然環境の保全に寄与する態度を養うことじゃな。

　SDGsは知っとるの。2015年9月の国連総会で採択された持続可能な開発のための17の国際目標じゃ。持続可能な社会の実現には、環境問題への取組みは欠かすことはできん。その意味でも、この領域の研究はますます大切になるのじゃ。"はみだし生物学"の知見から、今後、人類の進むべき道がわかるかもしれんな。

 該当する教科書の項目

中学「第二分野」▶自然と人間
高校「生物基礎」▶生物の多様性と生態系、生態系のバランスと保全
高校「生物」▶生態と環境

5-1 植物の植生を決める生殖システム

キノコ助手 博士〜！ ある土地に生育している植物の集団のことを植生っていうんですね。草原や森林、それに日本国内だけじゃなく、世界にはいろんな植生がありますよね。そもそも、植生ってどうやって決まるのでしょう？

博士 植生は、その土地の気温や降水量、土壌によって決定されるのじゃよ。

キノコ助手 アフリカの乾燥したサバンナや東南アジアの雨がいっぱいの熱帯雨林とかですかあ。

博士 そのとおりじゃ。温暖で降水量が多く、土壌が肥えた地域では、おもに樹木からなる森林の植生になるのぉ。温暖で肥えた土壌があっても、降水量が少ないと、おもに草本からなる草原の植生になる。それぞれの環境に適した生理的な能力、つまり光合成能力や栄養・水分の要求度などをもっている植物種が、その植生の主体となるのじゃ。

キノコ助手 植生の主体となるには個体数を増やす必要がありますよね？ すると生殖システムも関係しますか？

博士 おお、よいところに気づいたの！ 植物の生殖システムには、受粉して種子をつくる有性生殖と、地下茎やむかご（わき芽が養分を貯蔵して肥大化した部分）などから自分のコピーをつくる栄養生殖とがあるじゃろ。一般に、軽くて風で飛ばされやすい種子をつくる植物種では、種子が広範囲に散布されるの。

Part5　生態と環境

ある地域に種子が侵入したあと、その植物種の栄養生殖が活発であれば、自分のコピーをつくることで1個体からでも繁殖できるのじゃ。

キノコ助手　なるほど！　栄養生殖にはそんな利点があったんですね。

博士　土木工事や洪水によって荒れ地になった場所に、帰化植物のセイタカアワダチソウが群落をつくっているじゃろ。セイタカアワダチソウは種子による有性生殖もするが、地下茎による栄養生殖もすごいのじゃ。それに、有性生殖で個体数を増やすには、種子発芽から開花・結実までの期間が短いほう、すなわち栄養成長が速いほうが有利じゃ。都市部で多くみられる帰化植物のタカサゴユリは、種子発芽からわずか9か月で高さ1mほどに成長し、開花・結実する。ユリの仲間の多くが種子発芽から開花まで3年以上かかるのに比べると、驚きの早さじゃ。タカサゴユリの種子には薄い膜状の構造があって、風を受けて種子散布も効果的に行われるのじゃよ。

キノコ助手　植生の主体となる植物種では、生理的能力だけでなく、生殖システムの特性が有利に働いている場合もあるんですねえ。

住宅地の植え込みに生えるタカサゴユリ

タカサゴユリは貧栄養の土壌でも成長して開花する。近縁種のテッポウユリとは異なり、自家受粉も可能で大量の種子をつくる。

カラーの写真は化学同人HPでCheck it out！

博士のつぶやき　栄養生殖など、配偶子の接合による有性生殖以外の生殖を無性生殖という。無性生殖にはほかに、アメーバやミドリムシ、イソギンチャクなどにみられる分裂、酵母菌やサンゴなどにみられる出芽があるのお。

5-2 バイオームに異変あり

キノコ助手 博士～！ バイオームってなんですかあ？

博士 日本語では「生物群系」という意味じゃな。植生を構成する植物と、そこに生息する動物や微生物を含むすべての生物の集合をさすのじゃ。

キノコ助手 すると、植生が基礎となるんですね。

博士 そのとおりじゃ。植生の違いに応じてさまざまなバイオームが存在し、森林、草原、荒原に大別されるのじゃよ。降水量が多くて平均気温が低すぎない地域では樹木が生育できるから、森林バイオームが発達する。逆に、降水量が少なく樹木が生育できない地域では、草原バイオームになる。年平均気温が低い地域では降水量も少ないため、低温や乾燥に適応した植物がわずかに生育する荒原バイオームになるの。

キノコ助手 それぞれのバイオームにはさらに細かい分類があるんですか？

博士 そうじゃ。森林バイオームでは、気温が高くて降水量が多い場合には熱帯多雨林・亜熱帯多雨林、気温が高くても雨期乾期がはっきりして降水量が少ない場合には雨緑樹林、温暖な温帯域で気温が高めの場合には照葉樹林、温帯域でも気温が低めの場合には夏緑樹林、気温の低い亜寒帯では針葉樹林となる。草原バイオームでは、気温が高い場合にはサバンナ、気温が低い場合にはステップとなる。降水量が著しく少ない場合には、植物の生育は妨げられて荒原バイオームである砂漠やツンドラとなるのじゃ。

キノコ助手 わあ、たくさんありますね。最近の温室効果ガスによる気候変動は影響しないんですか？

博士 よいところに気づいたの。気候変動はおおいにバイオームに影響するぞ。植生が基礎となるバイオームの形成には、平均気温と降水量のバランスが大きく影響する。だから、地球温暖化による気温の上昇と降水量の変化によって、バイオームの分布が大きく変化するのじゃ。

大気中CO₂の世界平均濃度（A）と世界平均気温（B）の変化

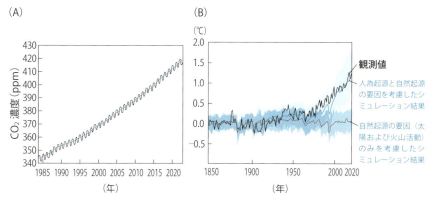

(A) 灰色は月平均濃度、青色は季節変動を除去した濃度。気象庁大気海洋部、「報道発表」(2023) / WMO WDCGG、「温室効果ガス年表」、第19号（2023）より。(B) 気候変動に関する政府間パネル（IPCC）の報告書」(2021) より。

キノコ助手 動物の分布も変わってくるんですね。

博士 そうじゃ！ その植生にもとづいて生活する動物も変化してバイオームが完成するには、さらに長い時間を必要とする。地球温暖化の進行は、これまで地球上で起きた気候の変動よりも急激に気温や降水量の変化をもたらすと考えられておる。当然、植生やバイオームの形成も、これまでとは異なる過程で進行すると予想されるのじゃ。

キノコ助手 荒原バイオーム、つまり砂漠化も進むんですね。地球温暖化を食い止めなくちゃ！

温室効果ガスには、二酸化炭素以外にも水蒸気、メタン、亜酸化窒素があるぞ。地表は受けた太陽光の多くを反射しているが、大気の温室効果のおかげで反射熱を吸収して気温が保たれているのじゃ。

5-3
海のなかの森

キノコ助手 博士〜！ 森林の生態系についてはずいぶんと勉強して、理解できたんですけど、海のなかにも植物を中心とした生態系があるんですかあ？

博士 海のなかには海藻が生えておるじゃろ。当然、生態系があるのぉ。

キノコ助手 コンブやワカメですよね…。

博士 それだけではないぞ。海の生態系における生産者としては、ケイ藻に代表される植物プランクトンの役割が大きいのじゃ。ケイ藻の光合成量は膨大で、海洋での光合成量の4分の1を占めるともいわれておる。生産者としての植物プランクトンは浮遊性で土壌を必要としないこと、移動が大きいことは注目すべきじゃな。

キノコ助手 土壌を必要としない生態系なら、変化もしやすいってことですか？

博士 そのとおりじゃ！ 水温や海流など環境の変化で短期間に大きく変化する。一方で、海藻による生態系もある。コンブ、カジメ、アラメ、ホンダワラなどの大型の藻類の役割が大きいな。海藻は進化的にずっと水中で生活してきた光合成生物で、陸上の植物が単一系統であるのに対して、海藻には複数の系統が含まれておって、多様なのじゃ。

 Part5 生態と環境

東京湾のアマモ

表面に微細藻類や小動物が付着している。

カラーの写真は化学同人HPでCheck it out！

キノコ助手 海藻を中心とした生態系では、土壌も必要ですよね？

博士 いかにも！ 海藻はおもに岩場のような体を固定する海底が必要という点で、陸上の植生に近いといえる。ただし、水分や養分を体全体から吸収するから、底質に養分が含まれる必要はないのじゃ。海藻のほとんどは生活環が1年間以内で、日本近海でもその多くが夏場に姿を消してしまう。

キノコ助手 やっぱり、森林の生態系とは違いますよね。動物はどうでしょう？魚とかタコとかウニとか。あ、ウニ好きです。

博士 海鮮丼はうまいよのぉ…。おっと、海の生態系に話をもどそう。大型の海藻の体には多くの微細藻類や小動物がとりつき生活する。群生すると波をしずめる効果や酸素濃度を高く保つ効果もあり、そのため海藻の群落のなかは多様な動物の生活・繁殖の場所となるのじゃ。

キノコ助手 そう考えると、まるで海のなかの森のような働きですね。

博士 そうじゃのぉ。このような海藻やアマモなどの海草（うみくさ）の群落は藻場（もば）とよばれ、生態系においても、また水産業にとっても重要な存在とされているの。

 博士のつぶやき 微細藻類というのを知っておるかの？ 付着性の藻類をさすのじゃ。多くは単細胞のケイ藻類だが、アオノリなどのやや大型の多細胞藻類も含むのぉ。

5-4
毒をもって毒を制する、植物のなわばり争い

キノコ助手 博士～！ 河原に黄色い小さな花をいっぱいつける植物がたくさん生えています。

博士 おお！ セイタカアワダチソウじゃな。北アメリカからやって来た外来植物じゃ。

キノコ助手 どうしてこんなに増えているんでしょ？ それに、セイタカアワダチソウが生えているところには、そればっかりでほかの植物はありませんよ。

博士 アレロパシーじゃよ。

キノコ助手 それはなんですか？

博士 アレロパシーとは、特定の植物が分泌する毒性物質が、周辺の植物の生育を抑制し定着を妨げる現象のことじゃよ。自らを繁殖させるために、邪魔になるほかの植物を寄せつけなくするのじゃ。

キノコ助手 ええ～！ 毒をだしているんですか！

博士 ヒトには毒性はないから心配はいらんぞ。アレロパシーの結果、毒性物質を分泌する植物種が優先的に生育し、もとの植生を構成していた植物種は生育できなくなるのじゃ。アレロパシーの効果は急激で、植生に与える影響が大きいんじゃ。

キノコ助手 セイタカアワダチソウ以外に、どのような植物にアレロパシーがあるのですかあ？

博士 アレロパシーのある有名な植物種としては、ユーカリやクログルミ、ガマなんかが知られているのお。

キノコ助手 ユーカリ？ あのかわいいコアラが食べるユーカリですかあ？

博士 そうじゃ。ユーカリの移植林では、アレロパシーによって林床植物の種子発芽が阻害される。その結果、ユーカリ以外の植物は生育しにくくなって、植生や遷移に影響を与えることになるのじゃ。このアレロパシーは、ユーカリの

自生地オーストラリアではあまりみられず、ユーカリが移植された北米大陸で確認された。つまり、アレロパシーの効果が移植先でより大きく現れたことになるのぉ。

キノコ助手　植物の繁殖戦略、おそるべし！

ユーカリの木

コアラのエサ用に日本国内で植林されたもの。

博士のつぶやき　マメ科ソラマメ属のヘアリーベッチという植物のアレロパシー物質がよく研究されているぞ。ヘアリーベッチのアレロパシー物質はシアナミドとよばれる物質で、ヘアリーベッチのアレロパシーを利用した雑草の抑制技術も研究されておる。

5-5
ボディーガードを雇う植物

キノコ助手 博士〜！ 植物は動くことができないのでかわいそうですねえ！

博士 おお！ それはなぜじゃ？

キノコ助手 だって、虫に食べられても、食べられるに任せるだけでしょう。抵抗できず、かわいそうです…。

博士 実はそうでもないぞ。なんとかして、虫から身を守ろうとしているはずじゃ。その巧妙な戦略を知ったら、誰しも驚くに違いないぞ。

キノコ助手 へえ！ それはどんなことですか？

博士 ある種の植物は害虫の食害を受けると、その害虫の天敵をよび寄せるために揮発性物質を生産して放出することが知られておる。植物は害虫を倒すことはできないじゃろ。だから、遠くまで拡散するような揮発性物質を放出し、害虫をやっつけてくれるボディーガード、つまり天敵をよび寄せるのじゃ。

キノコ助手 ええ！ そんなことをしているんですか？

博士 たとえば、京都大学（塩尻かおり ほか、2010年）の研究があるの。モンシロチョウの幼虫がキャベツを食べる。するとキャベツは揮発性物質を放出し、モンシロチョウの幼虫に寄生するアオムシサムライコマユバチを引き寄せるのじゃ。キャベツを食べているモンシロチョウの幼虫の数が多ければ、揮発性物質の放出も増加する。その結果、アオムシサムライコマユバチはたくさんの幼虫にやられているキャベツに集まるというわけじゃ。

Part5 生態と環境

キノコ助手 キャベツを食べるのはモンシロチョウの幼虫だけじゃないですよね? ほかの幼虫がキャベツを食べるとどうなるんですか? 天敵はよべるんですか?

博士 キャベツを食べる虫にはコナガもおるのお。コナガの幼虫にキャベツが食べられると、キャベツは別の揮発性物質を放出し、コナガの幼虫に寄生するコナガサムライコマユバチを引き寄せるのじゃ。アオムシサムライコマユバチとコナガの好きな香りは異なる。キャベツは、モンシロチョウの幼虫に食べられた場合と、コナガの幼虫に食べられた場合とで放出する揮発性物質の組成を変化させ、アオムシサムライコマユバチかコナガサムライコマユバチのどちらをよぶかを決めているのじゃ。

キノコ助手 ふへー! 誰に食べられてるってどうやって知るんでしょう!?

博士 謎じゃのお。

ボディーガード(天敵)を雇うキャベツ

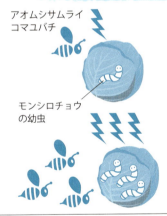

| キャベツをモンシロチョウの幼虫が食べているときは、被害に応じた揮発性物質を放出してアオムシサムライコマユバチをよぶ。 | キャベツをコナガの幼虫が食べているときは、被害状況に対応しない揮発性物質を放出してコナガサムライコマユバチをよぶことがある。 |

博士のつぶやき コナガがコマツナを食害した際にコマツナから放出される揮発性物質が同定され、ベンジルシアニドとジメチルトリスルフィドであることが明らかになった。これらの揮発性物質は、植物ホルモンであるジャスモン酸などが関係する経路によって誘導されることもわかってきたのじゃ。京都大学の高林純示 博士らの研究じゃ。ますます、興味深いのお。

あとがき

　『はみだし生物学』制作委員会の委員長として、『はみだし生物学〜博士とキノコ助手の愉快な研究の日々〜』の制作にまつわる裏話を紹介してあとがきに代えたいと思います。

　本書が企画されたのは、2010年度の大学入試センター試験「生物」出題委員16名が、入試問題の作成に頭を悩ませながら会議を重ね、また、夜には酒杯を傾けながらいろいろ議論をするなかで、「教科書に掲載されていないところにこそ生物のおもしろさがある！」ということで意気投合したことが発端です。そして発案者の村井氏を事務局として『はみだし生物学』制作委員会が立ち上がりました。

　2014年9月、広島県三原市のみはらし温泉で第1回の編集会議を開催したのを皮切りに、出題委員の地元を渡り歩いて全国各地で編集会議を重ねてきました。もちろん真面目に会議をするだけではなく、夜は美酒を味わい、郷土料理に舌鼓を打ちながらの懇談会が、もれなく地元の担当委員によって企画され、そのなかの闊達な議論が作題づくりにおおいに役に立ちました。開催地を紹介しますと、第2回は新潟県佐渡市の佐渡島尖閣湾、第3回は山口県山口市の湯田温泉、第4回は福井県あわら市の芦原温泉、第5回は山形大学の馬見ヶ崎河川敷、第6回は京都府南丹市日吉町のコテージ、第7回は再び山形大学、第8回は石川県小松市の粟津温泉、第9回は広島県尾道市の広島大学向島臨海実験所、第10回は再び山形大学、第11回は新潟県西蒲原郡の弥彦温泉でした。第12回は2020年3月に愛知県岡崎市での開催が予定されていましたがコロナ禍のため、まぼろしの編集会議となりました。

　このような制作委員会のメンバーのかなり充実した交流の成果が、本書の刊行につながったものと思います。最後になりましたが、いつできるともわからない本書の原稿を気長におおらかな気持ちでお待ちくださった化学同人の浅井歩さん、加藤貴広さん、岩井香容さん、楽しいイラストを描いてくださった尾﨑たえこさんに、心よりお礼申し上げます。

　　　　　　　　　　『はみだし生物学』制作委員会委員長　川喜田健司

さくいん

数字

1遺伝子1酵素説	45
3親ハイブリッド法	39
30 nm繊維	26

英字

ADAR1	25
ATP	2, 36
——分解酵素	11
B細胞	54, 78
CENP-C	11
CENP-T	11
DNA	24
——複製	44
DREB	81
GTP	36
——結合タンパク質	37
Gタンパク質	37
iPS細胞	42
microRNA	48
M期	8
NADPH	35
non-coding RNA	48
PINタンパク質	77
PRタンパク質	71
RNA干渉	49
RNA編集	25, 50
T細胞エピトープ	79
Z型DNA	24

あ

アオノリ	89
アオムシサムライコマユバチ	92
アカパンカビ	47
アクアポリン	65
アクチン	8
アグロバクテリウム	56
アナフィラキーショック	79
アブシジン酸	80
アフリカアカガエル	63
アフリカツメガエル	42
アポトーシス	49
アポリポタンパク質B	51
アマモ	89
アメーバ	4
アラメ	88
アレルゲン	78
アレロパシー	90
異形精子	20
痛み	66
遺伝暗号	52
遺伝子組換え	56, 79, 80
インスリン	75
イントロン	45
ウイルス	2, 28
栄養生殖	85
エキソン	45
液胞	6
エクジステロイド	74
エピジェネティック制御	43
エピトープ	55
エンケファリン	67
炎症性サイトカイン	69
オーキシン	76
オーグミン	9
岡崎フラグメント	44
オキシゲナーゼ	35
オシロイバナ	14

オルガネラ	14
温室効果ガス	86

か

海藻	88
カジメ	88
海水魚	64
花成ホルモン	77
活性酸素	35, 71
花粉症	78
ガマ	90
カルボキシラーゼ	34
カロテノイド色素	73
乾燥ストレス	80
気管	72
気候変動	86
キタテハ	74
キネシンスーパーファミリー	11
キネトコア	11
揮発性物質	93
基本数	16
気門	72
極性移動	77
クサビコムギ	16
クラミドモナス	5
グルコース	62
グルテリン	6
クローン動物	43
クログルミ	90
クロマチン	26
形質転換	57
血液	72
血糖値	62
ゲノム	30
── プロジェクト	45
減数分裂	18, 21
恒温動物	60
抗菌物質	70

抗原抗体反応	54
荒原バイオーム	87
光合成	34
降水量	86
紅藻	12
コナガサムライコマユバチ	92
コンブ	88

さ

細菌	2
サイトカイン	69
細胞小器官	6, 14
砂漠化	87
サバンナ	84
シアナミド	91
シアニジオシゾン	12
シアル酸	3
シグナル伝達	37
子実体	4
ジメチルトリスルフィド	93
ジャコウアゲハ	73
終止コドン	52
植生	84
植物細胞	6
植物ホルモン	76
自律神経	60
鍼灸治療	66
浸透圧	64
水平伝播	32
スプライシング	45
精子	20
── 競争	21
生殖システム	84
生態系	88
セイタカアワダチソウ	85, 90
生物群系	86
ゼブラフィッシュ	30
セルロース合成酵素	33

選択的スプライシング	47
前胸腺	75
染色体	10, 16, 26
線虫	49
セントラルドグマ	47, 50

た

体細胞分裂	8
ダイノルフィン	67
タカサゴユリ	85
多細胞生物	4
種なしスイカ	18
タマホリカビ	4, 16
単細胞生物	4
淡水魚	64
中心体	9
天敵	92
動的抵抗性	70
冬眠	61
利根川進	55
トラフグ	30
ドリー	43
トリパノソーマ	50

な

ナチュラルキラー細胞	68
ナミアゲハ	73, 74
二重らせん	24, 44
ヌクレオチド	24
熱帯雨林	84

は

パーティクルガン	56
バイオーム	86
配偶子	17
倍数性	16
鍼通電刺激	67

鍼麻酔	66
斑入り	14
パンコムギ	16
反復配列	31
光呼吸	34
非還元配偶子	17
ヒガンバナ	18
微小管	9
ヒスタミン	78
ヒトツブコムギ	16
ヒメアカタテハ	72
病原性大腸菌O-157	32
ビリン色素	73
ファージ	32
ファイトアレキシン	71
副腎皮質刺激ホルモン	63
プラナリア	19
プログラム細胞死	71
ヘアリーベッチ	91
βエンドルフィン	67
ヘモグロビン	72
ベンジルシアニド	93
胞子	4
紡錘糸	10
紡錘体	9
ホヤ	33
ポリヌクレオチド鎖	44
ボルボックス	5
ホルモン	60, 74
ホンダワラ	88
ボンビキシン	75

ま

マイコプラズマ	2
マカロニコムギ	16
ミオシン	8
ミトコンドリア	12, 14
——病	38

無性生殖	18, 19
免疫	54
──グロブリン	54
──力	68
モータータンパク質	11
藻場	89
モルヒネ	66
モンシロチョウ	72

や

山中伸弥	42
ユーカリ	90
誘導抵抗性	70
ユニバーサルコドン	53
幼若ホルモン	74
葉緑体	12, 14
ヨコスジカジカ	20

ら

リグニン化	71
リソソーム	6
リュウキュウイトバショウ	19
リンパ液	72
リンパ球	54, 68
ルビスコ	34
レトロウイルス	28
レトロエレメント	29
レトロトランスポゾン	29

執筆者一覧

『はみだし生物学』制作委員会

| 委員長 | 川喜田 健司 | 明治国際医療大学鍼灸学部　特任教授 |
| 事務局 | 村井　耕二 | 福井県立大学生物資源学部　教授 |

安東　宏徳	新潟大学佐渡自然共生科学センター　教授
稲垣　善茂	神戸女子大学教育学部　教授
岩﨑　俊介	新潟大学理学部　准教授
上田　純一	大阪府立大学　名誉教授
上田　貴志	自然科学研究機構基礎生物学研究所　教授
加藤　美砂子	お茶の水女子大学大学院人間文化創成科学研究科　教授
木村　彰方	東京医科歯科大学（現 東京科学大学）　名誉教授
西駕　秀俊	首都大学東京（現 東京都立大学）大学院理工学研究科　元教授
塩田　肇	横浜市立大学理学部　准教授
関根　政実	石川県立大学生物資源環境学部　教授・学長補佐
田川　訓史	広島大学瀬戸内CN国際共同研究センター　特定教授
山中　明	山口大学理学部　教授
吉岡　泰	名古屋大学大学院理学研究科　准教授
渡邉　明彦	山形大学理学部　教授

（五十音順）

著者紹介

『はみだし生物学』制作委員会

2010(平成22)年度大学入試センター試験(現 大学入学共通テスト)「生物」問題作成委員からなる。驚きと神秘に満ちた生物の世界をこよなく愛し、その魅力を世界中の中高生や一般市民のみなさんに紹介するために結成された。10年に及ぶ構想期間を経て、ついに本書が完成!

本文イラスト　尾﨑たえこ

はみだし生物学
博士とキノコ助手の愉快な研究の日々

2025年3月20日　第1版　第1刷　発行

著　者　『はみだし生物学』制作委員会
発行者　曽　根　良　介
編集担当　岩　井　香　容
発行所　(株)化　学　同　人

〒600-8074　京都市下京区仏光寺通柳馬場西入ル
編集部　TEL 075-352-3711　FAX 075-352-0371
企画販売部　TEL 075-352-3373　FAX 075-351-8301
振替　01010-7-5702
e-mail　webmaster@kagakudojin.co.jp
URL　https://www.kagakudojin.co.jp
印刷・製本　西濃印刷株式会社

検印廃止

JCOPY 〈出版者著作権管理機構委託出版物〉
本書の無断複写は著作権法上での例外を除き禁じられています。複写される場合は、そのつど事前に、出版者著作権管理機構(電話 03-5244-5088, FAX 03-5244-5089, e-mail: info@jcopy.or.jp)の許諾を得てください。

本書のコピー、スキャン、デジタル化などの無断複製は著作権法上での例外を除き禁じられています。本書を代行業者などの第三者に依頼してスキャンやデジタル化することは、たとえ個人や家庭内の利用でも著作権法違反です。

ISBN978-4-7598-2380-6
Printed in Japan ©Hamidashi Seibutsugaku Seisakuiinkai 2025
無断転載・複製を禁ず　乱丁・落丁本は送料小社負担にてお取りかえします

本書のご感想をお寄せください